21世纪高等学校数字媒体专业规划教材

Flash动画设计
与制作项目化教程

◎ 刘彩虹 唐琳 主编

清华大学出版社

北京

内 容 简 介

本教材遵循动画制作的项目化过程为读者介绍 Flash 动画设计与制作的完整知识体系,以"校园的早晨"为主题制作一个完整的动画影片,包括 3 个场景:序幕、主场景和谢幕。本教材将项目分为 14 个子工作任务,并详细介绍了相关知识及制作步骤和技巧,逐步完成动画元件准备、基本动画制作、舞台整体制作、高级动画制作、脚本语言控制交互播放和影片优化与发布。

本书结构清晰、图文结合,易学易懂,可作为本科高校非计算机专业学生基础课程、选修课程的使用教材,也可作为 Flash 爱好者的自学手册。

图书在版编目(CIP)数据

Flash 动画设计与制作项目化教程/刘彩虹,唐琳主编. —北京:清华大学出版社,2017(2019.1重印)
(21 世纪高等学校数字媒体专业规划教材)
ISBN 978-7-302-47942-0

Ⅰ. ①F…　Ⅱ. ①刘… ②唐…　Ⅲ. ①动画制作软件－高等学校－教材　Ⅳ. ①TP391.414

中国版本图书馆 CIP 数据核字(2017)第 207211 号

责任编辑:贾　斌　薛　阳
封面设计:刘　键
责任校对:胡伟民
责任印制:李红英

出版发行:清华大学出版社
　　　　　网　　　址:http://www.tup.com.cn,http://www.wqbook.com
　　　　　地　　　址:北京清华大学学研大厦 A 座　　　　　　邮　　　编:100084
　　　　　社 总 机:010-62770175　　　　　　　　　　　　邮　　　购:010-62786544
　　　　　投稿与读者服务:010-62776969,c-service@tup.tsinghua.edu.cn
　　　　　质量反馈:010-62772015,zhiliang@tup.tsinghua.edu.cn
　　　　　课件下载:http://www.tup.com.cn,010-62795954
印 装 者:三河市铭诚印务有限公司
经　　销:全国新华书店
开　　本:185mm×260mm　　　印　　张:16.5　　　　　　字　　数:410 千字
版　　次:2017 年 7 月第 1 版　　　　　　　　　　　　印　　次:2019 年 1 月第 3 次印刷
印　　数:2501～3500
定　　价:39.50 元

产品编号:074692-01

数字媒体专业作为一个朝阳专业，其当前和未来快速发展的主要原因是数字媒体产业对人才的需求增长。当前数字媒体产业中发展最快的是影视动画、网络动漫、网络游戏、数字视音频、远程教育资源、数字图书馆、数字博物馆等行业，它们的共同点之一是以数字媒体技术为支撑，为社会提供数字内容产品和服务，这些行业发展所遇到的最大瓶颈就是数字媒体专门人才的短缺。随着数字媒体产业的飞速发展，对数字媒体技术人才的需求将成倍增长，而且这一需求是长远的、不断增长的。

正是基于对国家社会、人才的需求分析和对数字媒体人才的能力结构分析，国内高校掀起了建设数字媒体专业的热潮，以承担为数字媒体产业培养合格人才的重任。教育部在2004年将数字媒体技术专业批准设置在目录外新专业中（专业代码：080628S），其培养目标是"培养德智体美全面发展的、面向当今信息化时代的、从事数字媒体开发与数字传播的专业人才。毕业生将兼具信息传播理论、数字媒体技术和设计管理能力，可在党政机关、新闻媒体、出版、商贸、教育、信息咨询及 IT 相关等领域，从事数字媒体开发、音视频数字化、网页设计与网站维护、多媒体设计制作、信息服务及数字媒体管理等工作"。

数字媒体专业是个跨学科的学术领域，在教学实践方面需要多学科的综合，需要在理论教学和实践教学模式与方法上进行探索。为了使数字媒体专业能够达到专业培养目标，为社会培养所急需的合格人才，我们和全国各高等院校的专家共同研讨数字媒体专业的教学方法和课程体系，并在进行大量研究工作的基础上，精心挖掘和遴选了一批在教学方面具有潜心研究并取得了富有特色、值得推广的教学成果的作者，把他们多年积累的教学经验编写成教材，为数字媒体专业的课程建设及教学起一个抛砖引玉的示范作用。

本系列教材注重学生的艺术素养的培养，以及理论与实践的相结合。为了保证出版质量，本系列教材中的每本书都经过编委会委员的精心筛选和严格评审，坚持宁缺毋滥的原则，力争把每本书都做成精品。同时，为了能够让更多、更好的教学成果应用于社会和各高等院校，我们热切期望在这方面有经验和成果的教师能够加入到本套丛书的编写队伍中，为数字媒体专业的发展和人才培养做出贡献。

21 世纪高等学校数字媒体专业规划教材
联系人：魏江江　weijj@tup. tsinghua. edu. cn

根据《高等学校文科类专业大学计算机教学基本要求(2011 年版)》和《教育信息化十年发展规划(2011—2020)》的指导思想,计算机类课程作为大学教育的重要组成部分,在人才的全面素质教育和能力培养中承担起重要的职责,不仅要培养学生对计算环境的认识,更重要的是培养学生应用计算机技术解决问题的计算思维能力。既要根据社会对毕业生的要求开设相应的计算机应用课程,还要根据其专业的需求开设一些具有专业特色与专业结合的计算机课程,即"以社会需求为导向,以应用为目的,以实践为重点,着眼信息素养培养"。

本书将项目"校园的早晨"分为 14 个工作任务完成,其中任务 1 是进行项目前期准备工作,学习 Flash CS6 工作界面及 Flash 文档创建和保存操作;任务 2 是学习 Flash CS6 绘图基本知识,并绘制第一个图形;任务 3 是完成项目中文本内容的创建、编辑和美化工作;任务 4 是制作项目所需素材元件的绘制,完成道路、桥、非洲雁、教学楼、树木、菊花、蜻蜓和蝴蝶等图形元件的绘制,并保存到库;任务 5 是完成羽毛字逐帧动画、阳光光晕传统补间动画、云彩变形补间形状动画效果制作;任务 6 是完成小草摇摆、下雨、菊花生长、蝴蝶飞、蜻蜓飞、野鸭飞、阳光照射和云彩飘动等影片剪辑元件制作;任务 7 是开始进入到多场景的制作,应用影片剪辑和引导动画等实现春夜喜雨、春暖花开的效果;任务 8 制作控制影片交互播放的按钮元件;任务 9 是应用引导层动画,制作太阳、野鸭、蜻蜓、蝴蝶沿设计路径移动的动态效果;任务 10 是应用遮罩技术实现小草发芽,菊花生长,湖水荡漾效果;任务 11 是应用 3D 特效制作蝴蝶展翅,应用 Deco 工具制作闪电、藤蔓效果,应用骨骼工具制作人物行走动画;任务 12 是完成 ActionScript 脚本语言控制气泡上浮等效果;任务 13 是为动画添加音乐效果;任务 14 是优化和测试,以及发布影片。这 14 个任务的内容循序渐进,由易至难,环环相扣,让读者能完成一个完整项目的制作,从初学者蜕变为动画制作能手。最后,第15 章是对项目的拓展和提升,帮助读者拓宽和加深对动画制作的视野。

本书具有鲜明的特色:

1) 本书是完整的项目化书,以完整案例贯穿整个书。以动画制作的工作过程为主线,循序渐进完成一个完整的动画影片。书中的每一个实训小项目都是最终作品的一部分,实训的进展就是作品完成的过程。

2) 本书遵循培养非计算机专业学生计算思维的目标,注重应用和动手操作能力的培养;在项目完成的过程中,学习动画制作的基础理论和操作知识,完成书的学习内容,既学会了完整动画制作的基本过程,又具备了动画制作基础技能。

3) 本书基于校企合作,受 2016 年辽宁省专业转型试点项目"计算机科学与技术专业建设"支持,面向整个工作过程,把职业需要的技能、知识、素质有机地整合到一起,做到了应社会所需,与市场接轨,与企业合作,实践与理论相结合。

4)本书尊重知识的循序渐进,根据项目分析其功能,将相关知识点分解到实际项目中,注重学习任务对工作情景的引领,让读者通过对项目的分析和实现来掌握相关理论知识,强调解决实际问题技能的培养。

本书由刘彩虹、唐琳主编。提供本书初稿的主要有:刘彩虹(第1~7、15章),唐琳(第8~14章)。本书在编写过程中,得到了校企合作书编写组的支持、帮助和指点,在此表示衷心的感谢。

校企合作书编写组成员:李彤,邹存璐,田雨,颜冬,刘强。

由于时间仓促,加之编者学识水平有限,书中难免存在不足甚至谬误之处,恳请读者就本书中的有关内容提出批评和建议,同时要感谢出版社的编辑和老师们的大力协助。

编者

2016 年 12 月

Flash 是美国 Macromedia 公司于 1999 年 6 月推出的一款基于矢量图形的动画设计软件,现已被 Adobe 公司收购。

它以流式控制技术和矢量技术为核心,制作的动画具有短小精悍的特点,所以被广泛应用于网页动画的设计中,已成为当前网页动画设计最为流行的软件之一。它不仅可以将文字、图片、视频、音频以及富有新意的界面融合在一起,以制作出高品质的动画效果,还可以通过强大的交互功能实现与动画观看者之间的互动。

Flash 之所以能风靡全球,和它自身鲜明的特点是分不开的。Flash 动画具有如下特点。

1. 矢量图形系统

使用 Flash 创建的元素是用矢量来描述的。与位图图形不同的是,矢量图形不仅文件占用空间小,还可以任意缩放尺寸而不影响图形的质量。

2. 流式播放技术

流式播放技术使得动画可以边下载边播放,即使后面内容还没有下载到硬盘,用户也可以开始欣赏动画。

3. 文件容量小

通过使用关键帧和组件技术,使得所生成的动画(.swf)文件非常小,几 KB 的动画文件已经可以实现许多令人心动的动画效果。

4. 交互性强

Flash 使用 ActionScript 语句,增强了对于交互事件的动作控制,使用户可以更精确、更容易地控制动画的播放。

1.1　项目简介——"校园的早晨"

"校园的早晨"是以展现校园春季风光为主题制作的一部完整的动画影片。动画影片包含三个场景,分别为序幕、主场景和谢幕。

1. 序幕场景

序幕场景展现了"校园的早晨"主题,在序幕场景应用按钮选择进入主场景,如图 1-1 所示。

2. 主场景内容

(1)"春夜喜雨"片段展示了黎明前春雨降临,细细密密,滋润万物的效果,如图 1-2 所示。

(2)"万物生长"片段展示温暖的春风吹绿了草地,吹皱了湖水的一片生机景象。

(3)"晨曦"片段展示清晨校园,空气清新,学生和教师融入校园怡人景致中,如图 1-3

图 1-1 "序幕"场景

图 1-2 "春夜喜雨"片段

所示。

3. 谢幕场景

谢幕场景提供 Again 按钮,单击后可重复观看主场景,如图 1-4 所示。

根据项目的需求,本教材将项目"校园的早晨"分为 14 个工作任务完成,其中,任务 1 是进行项目前期准备工作,学习 Flash CS6 工作界面及 Flash 文档创建和保存操作;任务 2 是学习 Flash CS6 绘图基本知识,并绘制第一个图形;任务 3 是完成项目中文本内容的创建、编辑和美化工作;任务 4 是制作项目所需素材元件的绘制,完成道路、桥、非洲雁、教学楼、

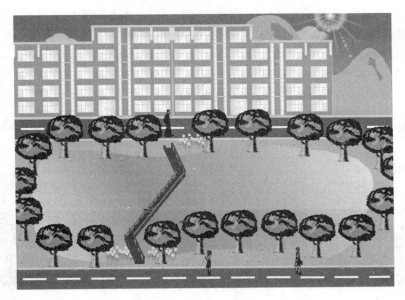

图 1-3 "晨曦"片段

图 1-4 "谢幕"场景

树木、菊花、蜻蜓和蝴蝶等图形元件的绘制,并保存到库;任务 5 是完成羽毛字逐帧动画、阳光光晕传统补间动画、云彩变形补间形状动画效果制作;任务 6 是完成小草摇摆、下雨、菊花生长、蝴蝶飞、蜻蜓飞、野鸭飞、阳光照射和云彩飘动等影片剪辑元件制作;任务 7 是开始进入到多场景的制作,应用影片剪辑和引导动画等实现春夜喜雨、春暖花开的效果;任务 8 是制作控制影片交互播放的按钮元件;任务 9 是应用引导层动画,制作太阳、野鸭、蜻蜓、蝴蝶沿设计路径移动的动态效果;任务 10 是应用遮罩技术实现小草发芽、菊花生长、湖水荡漾效果;任务 11 是应用 3D 特效制作蝴蝶展翅,应用 Deco 工具制作闪电、藤蔓效果,应用骨

第1章　准备知识

骼工具制作人物行走动画；任务 12 是完成 ActionScript 脚本语言控制气泡上浮等效果；任务 13 是为动画添加音乐效果；任务 14 是优化和测试，以及发布影片；最后，本书第 15 章是对项目的拓展和提升。

1.2　Flash CS6 工作环境

1.2.1　初始界面

安装并启动 Adobe Flash CS6 后，首先进入的是初始界面，如图 1-5 所示，初始界面可以分为以下 6 个区域。

图 1-5　Flash CS6 初始界面

（1）从模板创建。可直接创建模板文档，在这里列出了创建 Flash 文档最常用的模板。

（2）打开最近的项目。使用该项，用户可以方便地打开最近创建的 Flash 文档。

（3）新建。创建一个新文档或项目文件，这里列出了许多 Flash 文件的类型。

（4）扩展。连接到 Flash Exchange 网站，可以在其中下载助手应用程序、扩展功能及相关信息。

(5) 学习。用户可以在学习区域中单击学习内容选项，获取 Flash CS6 官方的学习支持。

(6) 若要隐藏欢迎界面，可以勾选“不再显示”复选框。

1.2.2 工作界面

在初始界面中选择“新建”区域中的 ActionScript 3.0，进入 Flash CS6 的工作界面，如图 1-6 所示。

菜单栏
标题栏
工具箱
工作区
舞台
时间轴面板
“属性”面板
“库”面板
面板组

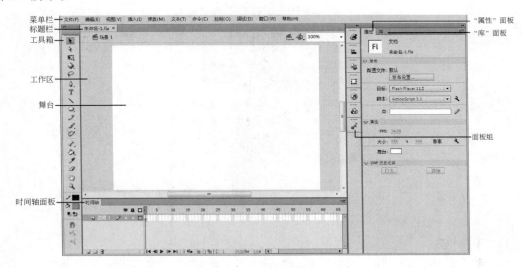

图 1-6 Flash CS6 工作界面

Flash CS6 的工作界面形式可以根据自己的设计或制作需求进行设置，“基本功能”工作界面包括菜单栏、工具箱、时间轴、工作区、面板组等。

1. 菜单栏

菜单栏中包括“文件”“编辑”“视图”“插入”“修改”“文本”“命令”“控制”“调试”“窗口”和“帮助”11 个菜单，如图 1-7 所示。

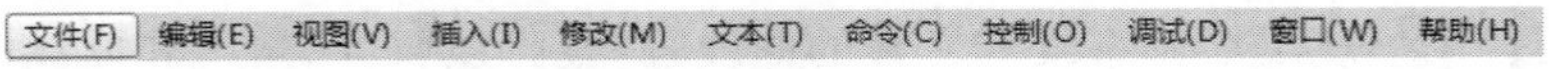

文件(F) 编辑(E) 视图(V) 插入(I) 修改(M) 文本(T) 命令(C) 控制(O) 调试(D) 窗口(W) 帮助(H)

图 1-7 菜单栏

Flash CS6 中的所有命令都包含在菜单栏的相应菜单中。用户在使用菜单命令时应注意以下几点。

(1) 菜单命令呈灰色：表示该菜单命令在当前状态下不可用。

(2) 菜单命令后标有黑色三角按钮符号：表示该菜单命令下有级联菜单。

(3) 菜单命令后标有快捷键：表示该菜单命令可以通过所表示的快捷键来执行。

(4) 菜单命令后标有省略号：表示执行该菜单命令，将打开一个对话框。

2. 工具箱

默认情况下，工具箱以面板的形式置于 Flash CS6 工作界面的右上方。将光标移至“工具箱”面板顶端的灰色区域，单击鼠标左键并拖曳至合适位置后释放鼠标，即可展开工具箱，如图 1-8 所示。工具箱中包含十多种工具,其中一部分工具按钮的右下角有黑色三角图标 ▟,表示其包含一组工具,单击可展开级联子菜单。工具箱可以划分为如下几部分。

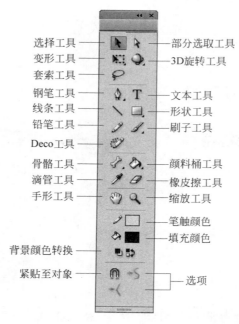

图 1-8 "工具"面板

1)"工具"区

"选择工具" ▶ (V):用于选择和移动舞台上的对象,改变对象的大小和形状等。

"部分选取工具" ▶ (A):用来抓取、选择、移动和改变形状路径。

"任意变形工具" ▓ (Q):用于对舞台上选定的对象进行缩放、扭曲和旋转变形。

"渐变变形工具" ▓ (F):用于对舞台上选定的对象填充渐变色变形。

"3D 旋转工具" ◕ (W):可以在 3D 空间中旋转影片剪辑实例。

"3D 平移工具" ⚓ (G):可以在 3D 空间中移动影片剪辑实例。

"套索工具" ◯ (L):在舞台上选择不规则的区域或多个对象。

"钢笔工具" ▟ (P):绘制直线和光滑的曲线,调整直线长度、角度和曲线曲率等。

"文本工具" T (T):创建、编辑字符对象和段落文本。

"线条工具" ╲ (N):绘制直线段。

"矩形工具" ▢ (R):绘制矩形向量色块或图形。

"椭圆工具" ◯ (O):绘制椭圆形、圆形向量色块或图形。

"基本矩形工具" ▢ (R):绘制基本矩形图元对象。图元对象是允许用户在"属性"面板中调整其特征的形状。可以在创建形状之后,精确地控制形状的大小、边角半径以及其他属性。

"基本椭圆工具" ◔ (O):绘制基本椭圆形图元对象。可以在创建形状之后,精确地控制形状的开始角度、结束角度、内径以及其他属性。

"多角星形工具" ⬡:绘制等比例的多边形。

"铅笔工具" ✏ (Y)：绘制任意形状的向量图形。

"刷子工具" 🖌 (B)：绘制任意形状的色块向量图形。

"喷涂刷工具" 🎨 (B)：可以一次性地将形状图案"刷"到舞台上。默认情况下，喷涂刷使用当前选定的填充颜色喷射粒子点，也可以使用该工具将影片剪辑或图形元件作为图案应用。

"Deco 工具" 🎨 (U)：可以对舞台上的选定对象应用效果。在选择 Deco 工具后，可以从"属性"面板中选择要应用的效果样式。

"骨骼工具" 🦴 (M)：可以向影片剪辑、图形和按钮实例添加 IK 骨骼。

"绑定工具" 🖋 (M)：可以编辑单个骨骼和形状控制点之间的连接。

"颜料桶工具" 🪣 (K)：改变色块的色彩。

"墨水瓶工具" 🖋 (S)：改变向量线段、曲线、图形边框线的色彩。

"滴管工具" 💉 (I)：将舞台图形的属性赋予当前绘图工具。

"橡皮擦工具" ✏ (E)：擦除舞台上的图形。

2)"查看"区

改变舞台画面以便更好地观察。

"手形工具" ✋ (H)：移动舞台画面以便更好地观察。

"缩放工具" 🔍 (Z)：改变舞台画面的显示比例。

3)"颜色"区

选择绘制、编辑图形的笔触颜色和填充色。

"笔触颜色"按钮 ✏■：选择图形边框和线条的颜色。

"填充色"按钮 🪣■：选择图形要填充区域的颜色。

"黑白"按钮 ⬛：系统默认的颜色。

"交换颜色按钮" 🔄：可将笔触颜色和填充色进行交换。

4)"选项"区

不同工具有不同的选项，通过"选项"区为当前选择的工具进行属性选择。

3. 时间轴

"时间轴"面板用于组织和控制影片内容在一定时间内播放的层数和帧数。与电影胶片一样，Flash 影片也将时间长度划分为帧，如图 1-9 所示，左侧含有"图层 1"的区域为图层选项区域，右侧为时间轴顺序。时间轴上方的编号为帧编号，下方有状态显示，显示当前的帧数、帧频率和播放时间。时间轴面板可以包含多个图层和多个帧，图层相当于层叠的透明幻灯片，每个图层都包含一个显示在舞台上的不同的对象，多个图层叠加在一起形成复杂的立体场景。

4."工作区"窗口

屏幕中央是 Flash CS6 工作区窗口，该窗口包括舞台（即动画影片窗口区，可视区）与灰色的工作区（非可视区），当前文件的动画影片窗口就是动画文件的可视区域，只有这个区域内的可视对象在播放时才能看到。在制作动画时，各种动画元素既可以放在可视区内，也可放在可视区外。这样就可以制作从画外飞入或飞出画外的动画效果。一般在动画制作之初，依据该动画的最终用途确定动画的尺寸。

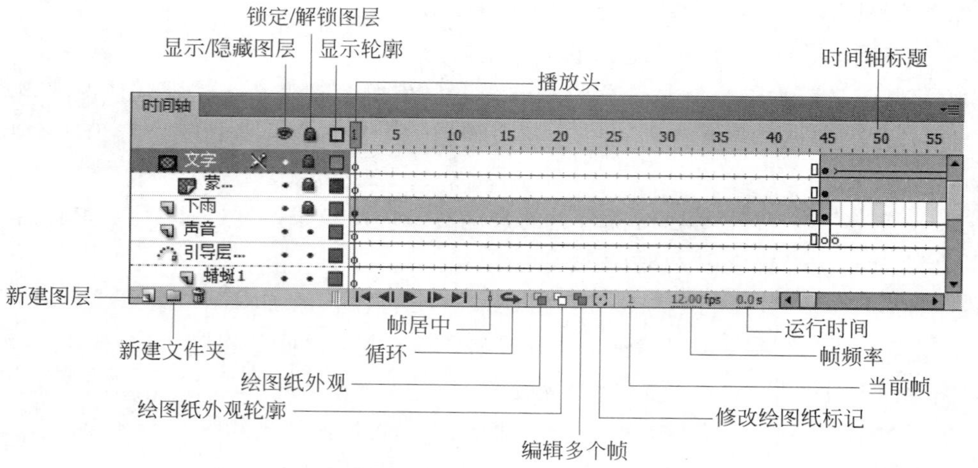

图 1-9 “时间轴”面板

工作区窗口左上角的标签显示已打开的多个文档名称。单击标签文件名位置，使其高亮显示，该文件就成为当前文件。

5. “属性”面板

工作区下方显示的是“属性”面板，“属性”面板用于显示当前选定对象的可编辑信息，如果当前工作区没有对象被选择，则“属性”面板会显示当前文件的属性，如图 1-10 所示。

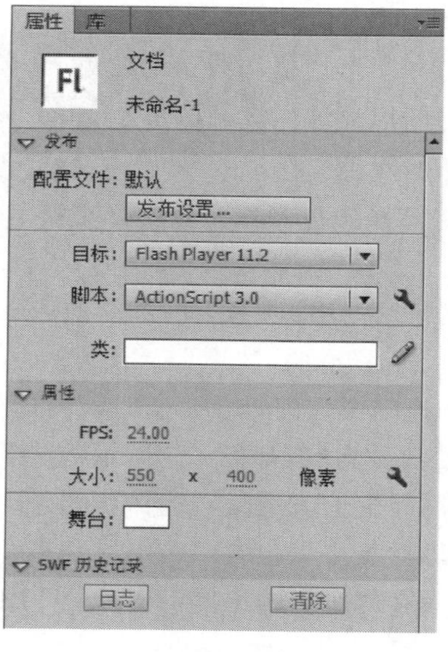

图 1-10 “属性”面板

在“属性”面板中，单击“舞台”旁边的色板，可以改变文件的背景色；单击“大小”后面的数字编辑框，可根据需要改变文件的长宽尺寸；当光标指向帧频 FPS 时，光标变成双向箭头后，可拖曳鼠标改变动画文件播放时的每秒帧数。

6. 其他面板

在屏幕右侧还显示了其他一些面板组，如库、颜色、场景和信息等，在需要时可执行菜单

"窗口"|"面板名称"命令将其关闭或显示,如图 1-11 所示。

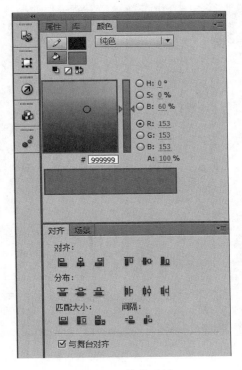

图 1-11　其他面板

　　Flash 动画制作的一般过程包括创建 Flash 文档、设置文档属性、保存文档、制作动画以及测试与发布影片。

1.3　创建和保存 Flash 文档

　　选择"文件"|"新建"命令,弹出"新建文档"对话框,在"常规"选项卡中选择 ActionScript 3.0 选项,并在右侧对文档的尺寸、背景颜色、标尺单位和帧频属性进行设置,如图 1-12 所示,然后单击"确定"按钮,打开如图 1-5 所示的 Flash CS6 工作界面,在其中即可进行 Flash 动画的设计与制作。

　　为了避免出现意外而丢失文档,在文档属性设置完毕后即应该及时保存文档。保存文档的具体操作步骤为:选择"文件"|"保存"命令(或按快捷键 Ctrl+S),在弹出的如图 1-13 所示的对话框中选择要保存文档的位置,在"文件名"文本框输入文件名称,保存类型默认为 "Flash CS6 文档(＊.fla)",然后单击"保存"按钮即可。在后面的动画制作过程中也应注意做好文档的保存。

　　扩展名为".fla"的 Flash 文件称为源文件,用户可以打开源文件对其进行修改。打开文档的具体操作步骤为:选择菜单中"文件"|"打开"命令(或按快捷键 Ctrl+O),在弹出的"打开"对话框中选择要打开文件的位置和文件名称,如图 1-14 所示,单击"打开"按钮,或直接双击文件,即可打开选择的源文件。

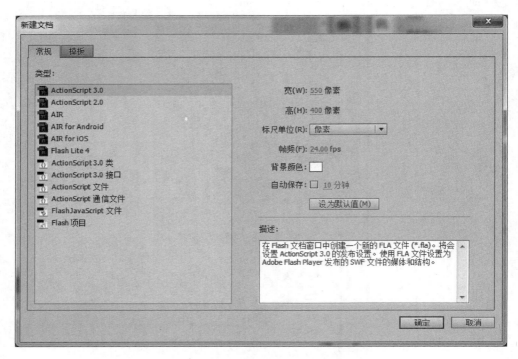

图 1-12 "新建文档"对话框

图 1-13 "另存为"对话框

图 1-14 "打开"对话框

1.4 导出 Flash 动画

动画制作过程中需要反复测试,查看动画播放效果是否与预期效果一致。选择"控制"|
"测试影片"|"测试"命令或按 Ctrl+Enter 快捷键,可把当前文档以扩展名. swf 导出并打开
影片测试窗口。

对测试效果满意后,可以正式导出影片,创建能在其他应用程序中进行编辑的内容,并
将影片直接导出为特定的格式。一般情况下,导出操作是通过菜单中"文件"|"导出"中的
"导出图像""导出所选内容"和"导出影片"三个命令来实现的,如图 1-15 所示。

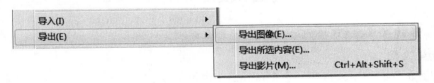

图 1-15 "导出"命令

1. 导出图像

将当前帧的内容或当前所选的图像导出为静止的图像格式或单帧动画。选择菜单中的
"文件"|"导出"|"导出图像"命令,弹出"导出图像"对话框,在"保存类型"下拉列表中可以选
择多种图像文件格式,如图 1-16 所示。设置完毕导出图像格式和文件位置后,单击"保存"
按钮,即可将图像文件保存到指定位置。

图 1-16 "导出图像"保存类型

2. 导出影片

将制作好的 Flash 文件导出为 Flash 动画,还可以将动画中的声音导出为 WAV 文件。选择菜单中的"文件"|"导出"|"导出影片"命令,在弹出的"导出影片"对话框中"保存类型"下拉列表中包含多种影片文件格式,如图 1-17 所示。设置完毕后,单击"保存"按钮,即可将影片文件保存到指定位置。

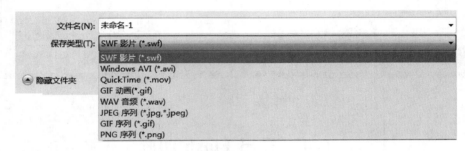

图 1-17 "导出影片"保存类型

导出格式一般选择"SWF 影片(＊.swf)",SWF 是 Flash 的专用格式,是一种支持矢量和点阵图形的动画文件格式,在网页设计、动画制作等领域应用广泛。SWF 文件通常也被称为 Flash 文件,这种文件可以播放所有在编辑时设置的动画效果和交互效果,而且容量小。

1.5　创建"校园的早晨.fla"

任务:创建项目文档"校园的早晨.fla"并保存。

1. 新建文档

(1)启动 Flash CS6,新建一个 ActionScript 3.0 文档。

(2)执行"文件"|"保存"菜单命令,打开"另存为"对话框,将文档存储为"校园的早晨.fla"。

2. 设置属性

(1)打开当前场景下的"属性"面板,单击"编辑"按钮(当前场景的选择可以单击舞台的任意空白处)。

(2)单击舞台,在"属性"面板中设置舞台"尺寸"为 800 像素(宽度)×600 像素(高度)。

(3)根据需要设置舞台的背景色,此处为白色。

思考与练习

1. 单选题

(1) 在 Flash 中进行动画制作和内容编排的主要场所是(　　)。

    A. 舞台　　　　　　　B. 场景　　　　　　　C. 时间轴面板　　　D. 工作区

(2) Flash 动画源文件的扩展名是(　　)。

    A. swf　　　　　　　B. fla　　　　　　　C. swt　　　　　　D. flv

(3) Flash 制作影片的扩展名是(　　)。

    A. swf　　　　　　　B. fla　　　　　　　C. swt　　　　　　D. flv

(4) 下列关于 Flash 软件说法正确的是(　　)。

    A. 它是一个专作位图的软件

    B. Flash 软件只能制作动画

    C. Flash 软件是一个矢量图软件,但是不能做网页

    D. 它是一个矢量图软件,可以制作动画、网页

(5) 在 Flash 中,帧频率表示(　　)。

    A. 每秒钟显示的帧数　　　　　　　B. 每帧显示的秒数

    C. 每分钟显示的帧数　　　　　　　D. 动画的总时长

(6) Flash 是一款(　　)软件。

    A. 文字编辑排版　　　　　　　　　B. 交互式矢量动画编辑软件

    C. 三维动画创作　　　　　　　　　D. 平面图像处理

(7) 下列关于工作区、舞台的说法不正确的是(　　)。

    A. 舞台是编辑动画的地方

    B. 影片生成发布后,观众看到的内容只局限于舞台上的内容

    C. 工作区和舞台上的内容,影片发布后均可见

    D. 工作区是指舞台周围的区域

(8) 时间轴面板上"层"名称旁边的眼睛图标有何作用?(　　)

    A. 确定运动种类　　　　　　　　　B. 确定某层上有哪些对象

    C.确定元件有无嵌套　　　　　　　D. 确定当前图层是否显示

(9) 在 Flash 中要测试影片,可使用的快捷键是(　　)。

    A. Ctrl＋V　　　　　　　　　　　B. Ctrl＋Enter

    C. Shift＋ Enter　　　　　　　　D. Ctrl＋B

(10) Flash 作品之所以在 Internet 上广为流传是因为采用了(　　)技术。

    A. 矢量图形和流式播放　　　　　　B. 音乐、动画、声效、交互

    C. 多图层混合　　　　　　　　　　D. 多任务

2. 多选题

(1) Flash 中的图形格式包括哪两类? (　　)

    A. 矢量图形　　　　B. JPEG 模式　　　C. 位图模式　　　　D. AIF 模式

(2) Flash 中,帧的类型有(　　)。

A. 关键帧   B. 空白帧   C. 帧   D. 空白关键帧

（3）Flash 操作界面中最重要的面板包括（   ）。

A. 时间轴   B. 属性面板   C. 库面板   D. 工具面板

（4）绘图纸外观按钮可以（   ）查看动画的连续性效果。

A. 残影的方式   B. 绘图纸   C. 轮廓方式   D. 多个帧

（5）关于时间轴上的图层，以下描述正确的是（   ）。

A. 图层可以上下移动   B. 图层可以重命名

C. 图层能锁定   D. 图层不能锁定

3. 判断题

（1）只有 fla 格式才能让用户查看动画的编辑制作内容和再编辑。   （   ）

（2）帧率越高，动画场景越连贯，画面越细腻。   （   ）

（3）Flash 中所在图层被锁定后，舞台中的所有内容都不能更改。   （   ）

（4）SWF 的动画可以在浏览器中直接播放。   （   ）

第2章 图形的绘制与导入

在 Flash 动画制作中,动画素材是不可或缺的。除了可以通过导入方式获得外,还可以利用 Flash CS6 自带的绘图工具来绘制。绘制素材是 Flash 动画素材的一个主要来源。Flash CS6 中提供了丰富的绘图工具供用户绘制和填充图形,相比其他图形编辑软件,具有简单、实用、矢量化的特色,用户可以轻松地使用这些绘图工具创建 Flash 图形对象。在本项目中将重点介绍 Flash CS6 中各种绘图工具的使用以及扩展功能,并通过实例对各种绘图工具的操作方法进行实际演练。

2.1 Flash 绘图的基本知识

2.1.1 位图和矢量图

1. 位图

位图又称作点阵图,由很多像素(色块)组成。像素(pixel)是图像中最小的元素,位图放大后会失真,如图 2-1 所示。处理位图图像时,所编辑的是像素而不是对象或形状,它的大小和质量取决于图像中的像素点的多少,每平方英寸中所含像素越多,图像越清晰,颜色之间的混合也越平滑。计算机存储位图图像实际上是存储图像的各个像素的位置和颜色数据等信息,所以图像越清晰,像素越多,相应的存储容量也就越大。位图适用于表现层次和色彩细腻丰富、包含大量细节的图像,如数码相机拍摄的照片、扫描仪扫描的稿件以及绝大多数的图片都属于点阵图。

图 2-1　位图放大前后

2. 矢量图

矢量图又称向量图,是用一系列计算机矢量来描述和记录的一幅图。矢量图使用直线和曲线来描述图形,这些图形的元素是一些点、线、矩形、多边形、圆和弧线等,它们都是通过数学公式计算获得的。矢量图的大小与图像大小无关,只与图形复杂程度有关,故无论放大多少倍,都不会产生锯齿或模糊,如图 2-2 所示。矢量图无法通过数码或扫描设备获得。矢量图文件存储量很小,特别适用于文字与标志设计、版式与图案设计、计算机辅助设计、工艺美术设计等。

使用 Flash 绘图工具绘制出的素材是矢量图,矢量图是 Flash 动画的最主要组成元素,它由轮廓线(笔触)和填充两部分组成,如图 2-3 所示。用户可以对矢量图形进行移动、调整大小、重定大小、更改颜色等操作,而不影响素材的品质。

图 2-2 矢量图放大前后图

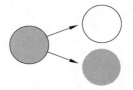

图 2-3 Flash 矢量图的组成

2.1.2 Flash 的色彩模式

颜色模式,是将某种颜色表现为数字形式的模型,或者说是一种记录图像颜色的方式。Flash 的常用色彩模式有:RGB 模式和 HSB 模式,如图 2-4 所示。

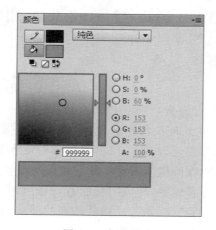

图 2-4 色彩模式

1. RGB 色彩模式

RGB 色彩模式是一种最为常见,使用最广泛的色彩模式,它是以色光的三原色理论为基础的。计算机显示器就是通过 RGB 方式来显示颜色的。任何一种 RGB 颜色都可以使用十六进制数值代码表示(如♯FFFFFF 表示白色)。

2. HSB 色彩模式

HSB 色彩模式是以人体对色彩的感觉为依据的,它描述了色彩的三种特性,其中,H 代表色相,S 代表纯度,B 代表明度。HSB 色彩模式比 RGB 色彩模式更为直观,更接近人的视觉原理。

2.1.3 Flash 的绘图模式

1. 合并绘制模式

合并绘制模式是 Flash 默认的绘图模式,在该模式下绘制的图形是分散的,两个图形之间如果有交接,后绘制的图形会覆盖先绘制的图形,此时移动后绘制的图形会改变先绘制的图形,如图 2-5 所示。为方便对绘制的图形进行形状调整,通常使用合并绘制模式。

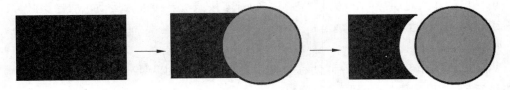

图 2-5　合并绘制模式下绘制的图形

2. 对象绘制模式

选中绘图工具后单击"工具箱"面板选项区的"对象绘制"按钮,可在对象绘制模式下绘图,在该模式下绘制出的图形会自动组合成一个整体对象,这样两个图形叠加时可以互不影响,如图 2-6 所示。

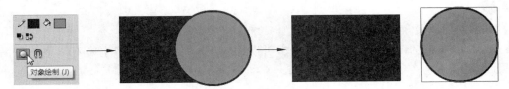

图 2-6　对象绘制模式下绘制的图形

2.1.4　图层和帧

1. 图层

图层可以看作是一叠透明的胶片,每张胶片上都有不同的内容,将这些胶片叠在一起就组成一幅比较复杂的画面。在上一图层添加内容,会遮住下一图层中同一位置上的内容。如果上一图层的某个位置没有内容,透过这个位置就可以看到下一图层相同位置的内容。

利用一些特殊的图层还可以制作特殊的动画效果,例如,利用引导层可以制作引导动画,利用遮罩层可以制作遮罩动画。图层的多少,不会影响输出文件的大小。

Flash 的图层共分为 5 种类型:一般图层(普通图层)、引导层、被引导层、遮罩层和被遮罩层,如图 2-7 所示。

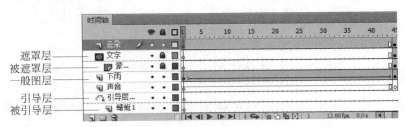

图 2-7　图层的分类

1)图层的类型

(1)一般图层

一般图层是最基础的图层类型,在启动软件或新建图层后,"时间轴"面板上显示的图层都是一般图层 ⬛ 。

（2）引导层

引导层的作用是引导其下方其他图层中的对象按照引导线进行运动。引导层又可分为一般引导层 ✎ 和运动引导层 ⚓ 。

（3）被引导层

当一般图层和引导层关联后，就称为被引导层 ⬚ 。被引导层中的对象按照引导层中的路径运动，被引导层与引导层是相辅相成的关系。

（4）遮罩层

遮罩层 ▨ 是用来放置遮罩层的图层，该图层利用遮罩对下面的图层进行遮挡，被遮住的部分可见，而未被遮罩物遮住的部分不可见。

（5）被遮罩层

被遮罩层与遮罩层是相对应的图层，当一个遮罩层建立时，它的下一层便被默认为被遮罩层 ⬚ 。

2）图层模式

Flash CS6 中的图层有多种图层模式，可以适应不同的设计需要，主要有以下 4 种图层模式。

（1）当前层模式

在任何时候只有一个图层处于这种模式，此时层的名称栏中显示一个铅笔图标 ✎ ，表示该图层为当前操作图层。

（2）隐藏模式

要集中处理某个图层的内容时，可将多余的图层隐藏起来，这种模式就是隐藏模式，如图 2-8 所示。

（3）锁定模式

为防止编辑过程中的误操作，可以将需要显示但不希望被修改的图层锁定起来，这种模式就是锁定模式，如图 2-9 所示。

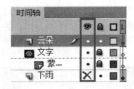

图 2-8　图层的隐藏

图 2-9　图层的锁定

（4）轮廓模式

如果某图层处于轮廓模式，则该图层名称栏上会以空心的彩色方框作为标识，如图 2-10 所示。

3）图层的基本操作

（1）创建图层

单击图层窗格左下角的"插入图层"按钮 ⬚ ，在当前图层的上面新建一个一般图层，图层名称自动命名为"图层 *n*"（*n* 是自动编号），如果要创建其他类型图层，可以右击该图层，从弹出的快捷菜单中选择相应类型，如图 2-11 所示。

图 2-10　图层的轮廓显示

图 2-11　创建图层

（2）选择图层

选择单个图层：鼠标单击图层名称即可。

选择多个图层：要选择多个相邻的图层，先单击要选择的起始图层，按住 Shift 键，再单击要选择的结束图层；要选择多个不相邻的图层，可按住 Ctrl 键，再单击要选择的各个图层。

（3）重命名图层

双击图层的名称，然后输入图层名称，按下 Enter 键表示确认输入有效。

（4）复制图层

使用图层复制功能，可复制出与原图层内容完全相同的图层，包括图层中的动画、动作语句等。

先单击图层名称，选中该图层，从菜单中选择"编辑"|"复制帧"命令，则复制所有帧到剪贴板上；插入一个新的图层；在新插入的图层中右击，选择"粘贴帧"命令。

（5）移动图层

移动图层可以改变层中内容上下层的显示关系。先选中要移动的一个或多个图层，用鼠标拖曳，此时会产生一条虚线，当虚线到达目标位置时，松开鼠标即可。

（6）删除图层

选择要删除的图层，单击图层窗格左下角的"删除图层"按钮 🗑 。

2. 帧

1）帧的基本类型

Flash 的帧分为空白关键帧、关键帧、普通帧和普通空白帧 4 种，当播放指针随时间的变化移动到不同的帧上时，就会显示出各帧中不同的内容。其显示状态如图 2-12 所示。

（1）关键帧：在时间轴上显示为灰色背景上带有实心圆点的帧，用来存放实体，如图形或文字对象等。逐帧动画的每一帧都是关键帧，而补间动画则旨在动画的重要位置创建关键帧。当要在时间轴上某一位置改变图形时，需要插入关键帧。

（2）空白关键帧：在时间轴上显示为空心圆，帧里面没有任何实体对象。一旦在上面创建了内容，空白关键帧就变成了关键帧。

（3）普通帧：本身不含任何实体，用来显示它前面离它最近的一个关键帧的内容。不同颜色的普通帧代表不同的含义，灰色代表静止关键帧后面的普通帧，浅蓝色表示动作补间动画,浅绿色表示形状补间动画。

关键帧 空白关键帧 普通空白帧 普通空白帧

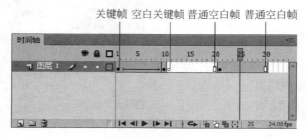

图 2-12　不同特征的显示状态

(4) 普通空白帧：在时间轴上显示为白色,表示该帧没有任何内容。

2) 帧的基本操作

编辑帧操作是 Flash 动画制作的核心,主要包括选择帧、插入帧、复制帧、移动帧、删除帧等。

(1) 选择帧

在时间轴上单击要选择的帧,不要松开鼠标,直接向前后向后进行拖曳,其间鼠标指针经过的帧全部会被选中。或者执行"编辑"|"时间轴"|"选择所有帧"菜单命令,可以选中时间轴中的所有帧。

注意：按住 Ctrl 键在时间轴上单击,可选择多个不连续的帧；按住 Shift 键,在时间轴上单击,可以选择多个连续的帧。

(2) 插入帧

在时间轴上右击要编辑的帧,从弹出的快捷菜单中选择插入各类帧命令,如图 2-13 所示。或者执行"插入"|"时间轴"菜单命令,在弹出的快捷菜单中选择插入帧、关键帧、空白关键帧的一种。

(3) 移动帧

图 2-13　右击帧后的快捷菜单

单击时间轴上的帧,当鼠标变为 形状时,按住鼠标左键,将所选的帧拖曳到合适的位置,再释放鼠标,即可完成所选帧的移动操作。

(4) 删除帧

选择需要删除的帧,然后单击,从弹出的快捷菜单中选择"清除帧"命令,即可删除选择的帧。

此外,也可以采用以下快捷键来对帧进行相关操作。

插入帧——F5　　　　　　　　插入关键帧——F6

插入空白关键帧——F7　　　　　删除帧——Shift＋F5

清除关键帧——Shift＋F6

3) 多帧显示

通常只能对工作区中的某一帧进行操作,如果想编辑多个帧的内容,就要用到多帧显示命令。多帧显示包括 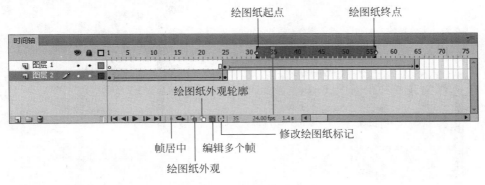(帧居中)、(绘图纸外观)、(绘图纸外观轮廓)、(编辑多个帧)和(修改绘图纸标记)5个按钮,如图2-14所示。

图2-14　多帧显示区的按钮

（1）帧居中：单击该按钮可使当前帧位于时间轴可视区域的中间位置。

（2）绘图纸外观：单击(绘图纸外观)按钮,在播放头的左右会出现绘图纸的起始点和终止点,位于绘图纸之间的帧内容在工作区中由浅至深显示出来,其中当前帧的颜色最深。

（3）绘图纸外观轮廓：只显示出帧中图形的轮廓,没有填充色,可使显示速度快一些。

（4）编辑多个帧：单击(编辑多个帧)按钮,选中绘图纸区域中的关键帧,即可对这些选中的关键帧同时进行编辑。

（5）修改绘图纸标记：可以设置显示洋葱皮的数量和显示帧的标记,默认两个绘图纸标记。

2.2　绘制和调整线条图形

2.2.1　线条工具

使用“线条工具”可以绘制不同角度的矢量直线线段,并且通过“属性”面板还可以设置线段的颜色、粗细和样式等属性。具体操作步骤如下。

（1）单击选中“工具”面板中的“线条工具”按钮,然后单击“属性”面板中的“笔触颜色”按钮,在弹出的“拾色器”对话框中可选择线条的颜色,如图2-15所示。

（2）在“属性”面板的笔触高度编辑框中输入0.1~200之间的数字,或拖动其左侧的滑块,可改变线条的粗细,默认的宽度为“1”,如图2-16所示。

（3）单击“属性”面板中的“样式”下拉按钮,可在展开的下拉列表中选择线条的样式,如图2-17所示。

（4）单击“样式”下拉按钮右侧的“笔触样式”按钮,可在打开的“笔触样式”对话框中对选择的线条类型进行调整,如图2-18所示。

（5）设置好属性后将光标移动到舞台上,然后按住鼠标左键并拖动,松开鼠标后即可绘制一条直线线段；若在拖动鼠标的同时按住Shift键,可绘制水平、垂直或与水平方向成45°

整数倍角度的直线。

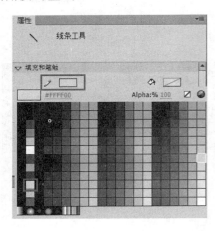

图 2-15　"颜色"面板修改笔触颜色图

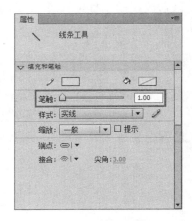

图 2-16　"属性"面板修改笔触颜色

图 2-17　设置笔触样式

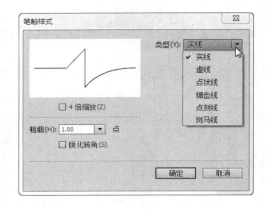

图 2-18　笔触样式

2.2.2　铅笔工具

使用铅笔工具 ✏，可以在舞台上模仿用笔在纸上绘制图形的效果，并且通过设置绘图模式，可以绘制不同风格的线条。具体操作步骤如下。

（1）单击"工具"面板中的"铅笔工具" ✏ 将其选中，通过"属性"面板设置线的线型和线的颜色。

（2）"工具"面板的"选项"栏内会显示一个 **S.** 按钮，单击该按钮，可弹出三个设置铅笔模式的按钮，如图 2-19 所示，三种模式含义如下。

伸直：适用于绘制规则线条，并且绘制的线条会分段转换成与直线、圆、椭圆、矩形等规则线条中最接近的线条。

平滑：适用于绘制平滑曲线，平滑是默认的铅笔模式。

墨水：适用于绘制接近手写效果的线条。

（3）设置好"铅笔工具" ✏ 的属性并选择绘图模式后，将光标移动到舞台上，按住鼠标

伸直　　　　平滑　　　　墨水

图 2-19　"铅笔工具"的三种绘图模式

左键并拖动,松开鼠标后,便会沿拖动轨迹生成线条,如图 2-20 所示。

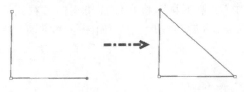

图 2-20　创建封闭图形

2.2.3　钢笔工具

使用"钢笔工具"，可以绘制连续的折线或平滑流畅的曲线。具体操作步骤如下。

（1）选中"工具"面板中的"钢笔工具"，打开"属性"面板,这里将笔触颜色设为"♯000000",笔触高度设为"1"。

（2）将光标移动到舞台上的适当位置并单击,确定起始锚点,锚点在舞台上表现为一个圆圈。

（3）将光标移动到舞台的另一处,单击创建第二个锚点,此时在起始锚点和第二个锚点之间会出现一条直线线条。

（4）继续在其他位置单击,创建第三个锚点,最后将光标移动到起始锚点处,此时单击可创建封闭图形,如图 2-21 所示。

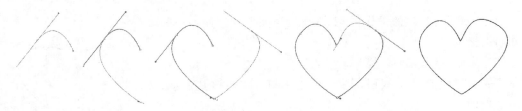

图 2-21　钢笔工具绘图

（5）图形绘制完成后,再选择除钢笔工具组中工具和"部分选取工具"以外的任意工具,或按 Esc 键可结束绘制。

（6）选择"钢笔工具"后,在舞台上单击确定起点,然后在另一处按住鼠标左键并拖动,可拖出一个调节杆,向任意方向拖动调节杆,可调整曲线弧度,对曲线弧度满意后,释放鼠标左键即可创建一个曲线锚点,如图 2-21 所示。

（7）在起始锚点下方单击创建第三个锚点,由于前一个锚点是曲线锚点,所以此时的线段不是直线而是一条与曲线锚点相切的曲线。

一般应先设置好线条的颜色,再单击钢笔工具。绘制直线:单击直线的起点,松开鼠标左键后拖曳鼠标到直线的终点,再双击直线的终点处即可。绘制折线:单击折线的起点,单击折线的下一个转折点,不断地依次单击折点处,最后双击折线的终点处。绘制多边形:单击多边形的一个端,再一次单击各个端点,最后双击多边形的起始点。

2.2.4　选择工具

使用"选择工具"可以将线条或图形调整为动画需要的形状,具体操作步骤如下:

(1) 新建一个 Flash 文档,然后使用"线条工具"绘制一个梯形,如图 2-22 所示。

(2) 单击"工具"面板中"线条工具",将光标移动到梯形右侧的边线上,当光标呈弧线形状时,按住鼠标左键并拖动,可以调整线段弧度,如图 2-23 所示。

图 2-22　绘制图形　　　　　　　图 2-23　调整线段的弧度

(3) 参照步骤(2)的操作,调整梯形左侧、上方和下方的线段弧度,如图 2-24 所示。

(4) 将光标移动到上方线段的中间位置,然后在按住 Ctrl 键的同时按住鼠标左键向下拖动,此时光标呈 形状并会在线段中间添加一个节点,如图 2-25 所示。

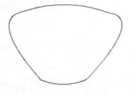
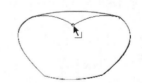

图 2-24　调整梯形　　　　　　　图 2-25　在上方线段添加节点

(5) 参照步骤(4)的操作,在下方线段中间位置添加一个节点并向上拖动。

(6) 选择"线条工具",将笔触颜色设为"♯660000",然后在苹果上方绘制一个线段,并使用"选择工具"调整其弧度,作为苹果梗。

(7) 选择"选择工具"后,将光标移动到线段的端点位置,当光标呈箭头形状时,按住鼠标左键并拖动,可改变线段的端点位置,如图 2-26 所示。

图 2-26　调整线段顶端位置

2.2.5　部分选取工具

使用"部分选取工具"可以移动锚点位置和调整曲线路径的弧度。具体操作步骤如下。

(1) 单击"工具"面板的"部分选取工具",然后将光标移到用其他工具绘制的图形上并单击,显示图形上的锚点,如图 2-27 所示。

(2) 使用"部分选取工具" 单击选择要移动的锚点,然后按住鼠标左键并拖动,可移动锚点位置,如图 2-28 所示。

图 2-27　单击显示锚点　　　　图 2-28　移动锚点

(3) 将光标移动到直线锚点上,然后在按住 Alt 键的同时按住鼠标左键并拖动,可将直线锚点转换为曲线锚点,如图 2-29 所示。

(4) 将光标移动到曲线锚点的调节杆上,然后按住鼠标左键并拖动,可调整曲线路径的弧度,在拖动的同时按住 Alt 键,可单独调整一边的调节杆,完成后图形如图 2-30 所示。

图 2-29　直线锚点转换为曲线锚点　　　图 2-30　完成后图形

2.2.6　转换锚点工具

使用"转换锚点"工具  可以实现曲线锚点与直线锚点间的转换,还可以改变曲线锚点的角度,具体操作如下。

(1) 在钢笔工具组中选择"转换锚点工具" ,然后将光标移到用其他工具绘制的线条上并单击,可显示图形上的锚点,如图 2-31 所示。

(2) 将光标移动到直线锚点上,然后按住鼠标左键并拖动,即可将直线锚点转换为曲线锚点,如图 2-32 所示。

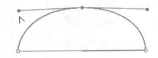

图 2-31　"转换锚点工具"单击线条　　图 2-32　直线锚点转换为曲线锚点

(3) 将光标移动到曲线锚点的调节杆上,然后按住鼠标左键并拖动,可以单独调整一边的调节杆,如图 2-33 所示。

(4) 将光标移到曲线锚点上并单击,可将曲线锚点转换为直线锚点,如图 2-34 所示。

图 2-33　单独调整一边的调节杆　　　图 2-34　曲线锚点转换为直线锚点

2.2.7　使用"添加锚点工具"和"删除锚点工具"

使用"添加锚点工具" 和"删除锚点工具" 可以在图形上添加或删除锚点。具体操作步骤如下。

（1）选择"添加锚点工具" 后将光标移到已显示锚点的图形上方并单击，即可添加一个锚点，如图 2-35 所示。

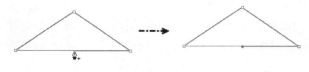

图 2-35　添加锚点

（2）选择"删除锚点工具" 后将光标移到已显示锚点的图形上方并单击，即可删除一个锚点，如图 2-36 所示。

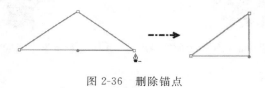

图 2-36　删除锚点

2.3　绘制几何图形

2.3.1　使用"矩形工具"

使用"矩形工具" 可以绘制不同样式的矩形、正方形和圆角矩形。具体操作步骤如下。

（1）选择"工具"面板中的"矩形工具" ，"矩形工具" 的"属性"面板比"线条工具" 多了"填充颜色"按钮 和"矩形选项"编辑框，如图 2-37 所示。

（2）单击"填充颜色"按钮 ，可在打开的"拾色器"对话框中设置"矩形工具" 的填充颜色，如图 2-38 所示。

（3）在"矩形选项"编辑框中输入数值，或拖动下方的滑块，可设置圆角矩形的边角半径。

（4）设置好"矩形工具" 的属性后，将光标移动到舞台上，按住鼠标左键并拖动，松开鼠标后即可绘制一个矩形；若在拖动鼠标的同时按住 Shift 键，则可以绘制正方形；若设置了"矩形选项"的数值，则可以绘制圆角矩形，如图 2-39 所示。

图 2-37 "矩形工具"的"属性"面板

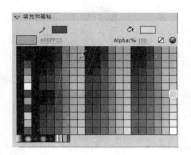

图 2-38 设置填充颜色

图 2-39 绘制矩形、正方形和圆角矩形

技巧：绘制矩形，在按下鼠标的同时按键盘的上下键可以调整矩形圆角的半径。将"选择工具"移到线条边缘后拖曳可以调整线条的弯曲弧度。如果同时按住 Ctrl 或 Alt 键可以拖出尖角。

2.3.2 使用"椭圆工具"

"椭圆工具" 的使用方法与"矩形工具" 相似，使用它可以绘制出椭圆形、正圆形、扇形和弧线等。具体操作步骤如下。

（1）"椭圆工具" 与其他几何工具默认情况下是看不到的，按住"工具箱"面板中的"矩形工具" ，在展开的工具列表中选择"椭圆工具" ，如图 2-40 所示。

（2）"椭圆工具" 的"属性"面板与"矩形工具" 相似，包括"开始角度""结束角度""内径"几个选项以及"闭合路径"复选框，如图 2-41 所示。

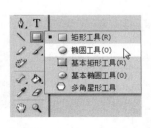

图 2-40 椭圆工具

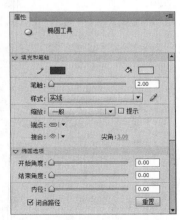

图 2-41 "椭圆工具"的"属性"面板

27

28

（3）若不对"开始角度""结束角度""内径"几个选项以及"闭合路径"复选框进行设置，在舞台中按住鼠标左键并拖动，可绘制椭圆形，如图 2-42 所示。

（4）在"椭圆工具" 的"属性"面板中的"开始角度"和"结束角度"编辑框中输入数值或拖动其左侧的滑块，设置开始角度和结束角度，可以绘制扇形；如果取消勾选"闭合路径"复选框，则可以绘制弧线，如图 2-43 所示。

图 2-42　绘制椭圆形和正圆形　　　　　图 2-43　绘制扇形和弧线

（5）若在"内径"对话框中输入正值，并勾选"闭合路径"选项，则可以绘制带有空心圆的椭圆或扇形，如图 2-44 所示。

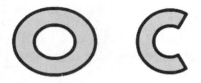

图 2-44　绘制带有空心圆的椭圆和扇形

2.3.3　使用"多角星形工具"

使用"多角星形工具" 可以绘制多边形和星形，具体操作步骤如下。

（1）单击"工具"面板中的"矩形工具" 不放，然后在展开的工具列表中选择"多角星形工具" ，其"属性"面板如图 2-45 所示。

（2）单击"属性"面板中的"选项"按钮，在打开的"工具设置"对话框的"样式"下拉列表中可选择绘制星形还是多边形，在"边数"编辑框中可设置星形的角数或多边形的边数，在"星形顶点大小"编辑框中可设置星形的顶点大小，如图 2-46 所示。

图 2-45　"多角星形工具"的"属性"面板　　　图 2-46　"工具设置"对话框

（3）设置好"多角星形工具"的属性后，将光标移动到舞台中按住鼠标左键并拖动，即可绘制多边形或星形，如图 2-47 所示。

图 2-47   绘制多边形和星形

2.4   绘制填充色与图案

2.4.1   使用"颜料桶工具"

要使用"颜料桶工具" 填充颜色，应首先设置填充模式，然后在"拾色器"对话框中选择或设置填充色，最后通过单击填充颜色。具体操作步骤如下。

（1）选中"工具"面板中的"颜料桶工具"，再单击"工具"面板选项区的"空隙大小"按钮，可在展开的下拉列表中选择填充模式，如图 2-48 所示。

（2）单击"属性"面板填充颜色 右侧的色块，可在打开的"拾色器"对话框中进行设置。

（3）若"拾色器"对话框中没有符合要求的填充色，可单击 按钮，打开"颜色"对话框进行设置，如图 2-49 所示。

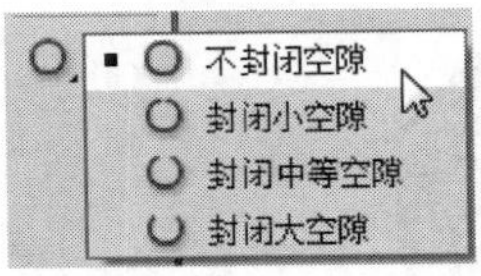

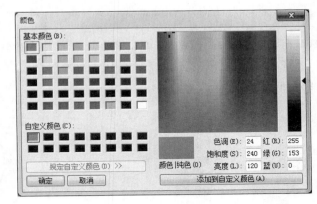

图 2-48   填充模式

图 2-49   "颜色"对话框

（4）设置好填充色后，将光标分别移动到闭合图形内部，单击鼠标左键即可为相应位置填充颜色。

2.4.2   使用"渐变变形工具"

利用"渐变变形工具"可以调整图形中的渐变色及位图填充的方向、角度和大小等填充效果，具体操作步骤如下。

（1）按住"工具"面板中的"任意变形工具" ，在展开的工具列表中选择"渐变变形工具" ，如图 2-50 所示。

（2）鼠标左键单击图形，会出现一个渐变控制圆，如图 2-51 所示。

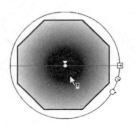

图 2-50　渐变变形工具　　　　　　图 2-51　拖动渐变中心点

（3）在"渐变中心点"上按住鼠标左键并移动，可移动径向渐变色的整体位置，如图 2-51 所示。

（4）拖动"渐变焦点控制柄"可移动渐变色的中心点，如图 2-52 所示。

（5）拖动"渐变长宽控制柄"可增加或减小渐变色的宽度，如图 2-53 所示。

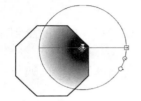

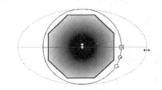

图 2-52　移动径向渐变焦点　　　　　图 2-53　调整径向渐变色宽度

（6）拖动"渐变大小控制柄"可沿中心位置增大或缩小渐变色，如图 2-54 所示。

（7）将光标放在"渐变方向控制柄"上，当光标呈 形状时按住鼠标左键并拖动，可调整渐变方向，如图 2-55 所示。

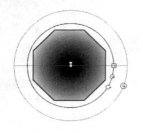

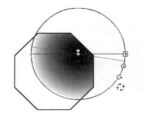

图 2-54　调整径向渐变色大小　　　　图 2-55　调整径向渐变方向

2.4.3　使用"墨水瓶工具"

利用"墨水瓶工具" 可以改变线条的颜色和粗细等属性，还可以为没有轮廓线的填充区域添加边线。具体操作步骤如下。

（1）在舞台上绘制一个只有填充色没有外轮廓线的椭圆形。

（2）在"工具"面板中按住"颜料桶工具"，在展开的工具列表中选择"墨水瓶工具"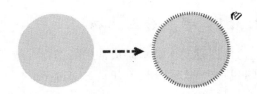。

（3）在"属性"面板中将笔触颜色设为"＃663300"，笔触高度为"5"，笔触样式为"斑马线"，如图 2-56 所示。

（4）将光标移动到椭圆图形边缘上并单击，即可添加线条，如图 2-57 所示。

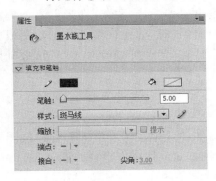

图 2-56 "墨水瓶工具"的"属性"面板   图 2-57 使用"墨水瓶工具"添加线条

2.4.4 使用"滴管工具"

使用滴管工具 ✒ 可以从一个对象上获取线条和填充色的属性，然后将它们应用到其他对象中。除此之外，✒ 工具还可以从位图图像中取样，以用作填充。具体操作步骤如下。

（1）选择 ✒ 工具，将鼠标指针移动到采样图形的位置，当光标呈 形状时单击，即可对填充色进行采样。

（2）采样后"滴管工具"会自动切换为"颜料桶工具"，光标呈 形状，表示填充色已经被锁定。单击"工具"中的 按钮，取消填充锁定，使鼠标指针变为 形状，将光标移动到新图形处单击，即可填充，如图 2-58 所示。

图 2-58 使用"滴管工具"填充颜色

（3）再次选择"滴管工具" ✒ ，将光标移动到左侧的线条上，光标会呈 形状。

（4）单击进行采样后，"滴管工具" ✒ 会自动切换为"墨水瓶工具" ，在目标线条上单击，即可改变线条属性，如图 2-59 所示。

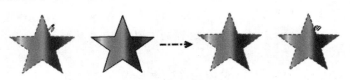

图 2-59 使用"滴管工具"填充线条

第2章 图形的绘制与导入

2.5 导入外部图形图像

Flash 是以矢量图形为基础的动画创作软件,使用自带的绘图工具可以完成大部分 Flash 动画对象的创建,但是与其他专业的图形绘制编辑软件相比,Flash 图形并不能完成复杂图形的创建。为了弥补自身绘图功能不够强大的弱点,Flash 允许导入外部位图或矢量图作为特殊的元素使用,并且导入的外部位图还可以被转化为矢量图,这就为 Flash 动画提供了更多可以应用的素材。

2.5.1 导入位图图像

位图是制作动画时最常用的图形元素之一,在 Flash CS6 中默认支持大部分的位图格式,包括 BMP、JPEG、GIF、PNG 和 TIF 等。导入位图图像的具体操作步骤如下。

（1）单击菜单栏中的“文件”|“导入”|“导入到舞台”命令,弹出“导入”对话框。

（2）在“导入”对话框“查找范围”下拉列表中选择需要导入外部图像的路径,然后在下方文件列表框中选择需要导入的文件,此时导入文件的名称自动显示在“文件名”输入框中,如图 2-60 所示。

图 2-60 “导入”对话框

（3）单击“打开”按钮,此时选择图像将会导入到 Flash 的舞台中。

提示:在使用“导入到舞台”命令导入图像时,如果导入文件的名称是以数字序号结尾的,并且在该文件夹中还包含其他许多个这样的文件名的文件时,会打开一个信息提示框,询问是否导入图片序列?

在 Flash CS6 中,除了可以导入位图图像到文档中直接使用,还可以先将需要的位图导入到该文档的“库”面板中再从“库”面板中将图像拖至文档中使用。

2.5.2 编辑导入的位图图像

在导入了位图文件后,可以进行简单的编辑操作,例如修改位图属性,将位图分离或者将位图转换为矢量图等。

1. 设置位图属性

要设置位图图像的属性,可在导入位图图像后,按 Ctrl＋L 组合键打开"库"面板,在"库"面板中位图图像的名称处单击鼠标右键,从弹出的菜单中选择"属性"命令,打开"位图属性"对话框,如图 2-61 所示。

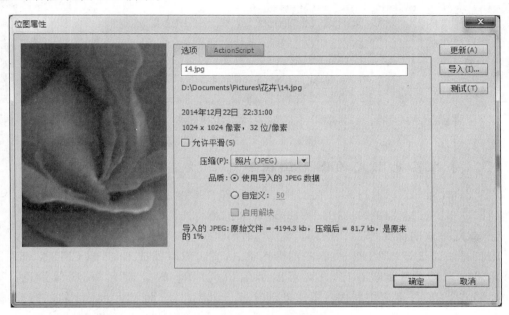

图 2-61 "位图属性"对话框

对于导入的位图图像,可以应用消除锯齿功能来平滑图像的边缘,或选择压缩选项减小位图文件的大小以及改变文件的格式等,使图像更适合在 Web 上显示,单击"高级"按钮,还可以设置图像链接属性。

2. 分离位图

分离位图可将位图图像中的像素点分散到离散的区域中,这样可以分别选取这些区域并进行编辑修改。

在分离位图时先选中舞台中的位图图像,然后选择菜单栏中"修改"|"分离"命令,如图 2-62 所示,或者按下 Ctrl＋B 组合键即可对位图图像进行分离操作。在使用"选择工具"选择分离后的位图图像时,会发现该位图图像上被均匀地蒙上了一层细小的白点,这表明该位图图像已完成了分离操作,此时可以使用"工具"面板中图形编辑工具对其进行修改。

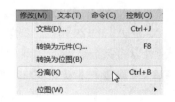

图 2-62 "分离"命令

3. 将位图转换为矢量图

对于导入的位图图像,还可以进行一些编辑修改操作,但这些编辑修改操作是非常有限的。若需要对导入的位图图像进行更多的编辑修改,可以将位图转换为矢量图后进行。

选中要转换的位图图像,选择菜单栏中的"修改"|"位图"|"转换位图为矢量图"命令,如图 2-63 所示,在弹出的"转换位图为矢量图"对话框中即可进行转换为矢量图的相关设置,如图 2-64 所示。

图 2-63 "转换位图为矢量图"命令　　　　图 2-64 "转换位图为矢量图"对话框

2.5.3 导入其他格式的图形图像

在 Flash CS6 中,还可以导入 PSD、AI 等格式的图形图像文件,导入这些格式图形图像文件的好处是可以保证图像的质量和保留图像的可编辑性。

1. 导入 PSD 图像文件

PSD 是图像设计软件 Photoshop 的专用格式,它可以存储成 RGB 或 CMYK 模式,还能够自定义颜色数并加以存储,并且可以保存 Photoshop 的层、通道、路径等信息,所以 Photoshop 图像软件被应用到很多图像处理领域。Flash CS6 与 Photoshop 软件有着紧密的结合,允许将 Photoshop 编辑的 PSD 文件直接导入到 Flash 中,同时可以保留许多 Photoshop 功能,允许在 Flash 中保持 PSD 文件的图像质量和可编辑性。在进行 PSD 文件导入时,不仅可以选择将每个 Photoshop 图层导入为 Flash 图层、单个的关键帧或者单独一个平面化图像,而且还可以将 PSD 文件封装为影片剪辑。

导入 Photoshop PSD 文件的操作与导入一般图像的方法类似,都是通过菜单栏中的"文件"|"导入"|"导入到舞台"命令进行图像导入。但是与导入常用的 JPEG、GIF、PNG 图像不同,导入 PSD 格式文件时会先弹出 PSD 文件的相应对话框,在其中需要设置导入的图层及导入图层的方式,之后方可将所需的 PSD 文件中相关的图层导入到 Flash CS6 中。

2. 导入 AI 图形文件

AI 是 Adobe 公司的一款功能极其强大的矢量图形绘制与编辑 Illustrator 软件的专业格式,可以直接导入到 Flash CS6 中进行使用,做到 Illustrator 和 Flash CS6 应用软件的有效结合,从而进一步提升 Flash CS6 矢量图形编辑功能。此外,AI 文件是 Illustrator 软件的默认保存格式,由于该格式不需要针对打印机,所以精简了很多不必要的打印定义代码语言,从而使文件的体积减小很多。

思考与练习

1．单选题

（1）Flash 的多角星形工具用来绘制多边形和星形，那么最少可以设置（　　）条边。

    A．1　　　　　　　　B．2　　　　　　　　C．3　　　　　　　　D．5

（2）使用线条工具结合键盘上的（　　）键可以绘制 45°的倍数的直线。

    A．Ctrl　　　　　　B．Alt　　　　　　C．Shift　　　　　　D．Tab

（3）在 Flash CS6 中，要绘制一颗五角星，可以使用（　　）工具。

    A．钢笔工具　　　　　　　　　　　　　B．线条工具

    C．多角星形工具　　　　　　　　　　　D．铅笔工具

（4）图层的种类不包括（　　）。

    A．引导层　　　　　B．遮罩层　　　　　C．普通层　　　　　D．参考层

（5）下面关于"矢量图形"和"位图图像"的说法，错误的是（　　）。

    A．Flash 允许用户创建并产生动画效果的是矢量图形而位图图像不可以

    B．在 Flash 中，用户也可以使用在其他应用程序中创建的矢量图形和位图图像

    C．用 Flash 的绘图工具画出来的图形是矢量图形

    D．一般来说，矢量图形比位图图像文件量大

（6）关于矢量图形和位图图像，下面说法正确的是（　　）。

    A．位图图像通过图形的轮廓及内部区域的形状和颜色信息来描述图形对象

    B．矢量图形比位图图像优越

    C．矢量图形适合表达具有丰富细节的内容

    D．矢量图形具有放大仍然保持清晰的特性，但位图图像却不具备这样的特性

（7）使用擦除工具时，如果在擦除模式中选择内部擦除，这意味着（　　）。

    A．只擦除填充区域，不影响线段和文字

    B．只擦除当前选定的区域，线条和文字无论选中与否，均不受影响

    C．只擦除被擦除工具最先选中的填充区域，线条和文字均不受影响

    D．只擦除线条，填充区域和文字不受影响

（8）使用椭圆工具时，按住（　　）键的同时拖动鼠标可以绘制正圆。

    A．Shift　　　　　B．Alt　　　　　C．Alt ＋ Shift　　　D．Del

（9）所有动画都是由（　　）组成的。

    A．时间线　　　　　B．图像　　　　　C．手柄　　　　　D．帧

（10）下面关于新层的位置顺序说法正确的是（　　）。

    A．新层将被插入到当前选定层的下面

    B．新层将被插入到当前选定层的上面

    C．新层将被放到最上层

    D．以上说法都错误

2．多选题

（1）在 Flash 中，要绘制基本的几何形状，可以使用（　　）绘图工具。

A. 直线　　　　　　B. 椭圆　　　　　　C. 圆　　　　　　D. 矩形

(2) 下面有关位图(点阵图)的说法正确的是(　　　)。

    A. 位图是用一系列彩色像素来描述图像

    B. 位图放大后,会看到马赛克方格,边缘出现锯齿

    C. 位图尺寸越大,使用的像素越多,相应的文件也越大

    D. 位图的优点是放大后不失真,缺点是不容易表现图片的颜色

(3) 下列关于图层的说法正确的是(　　　)。

    A. 创建动画时,可以使用图层和图层文件夹来组织动画对象,以免互相影响

    B. 图层文件夹可以将图层组织成易于管理的组

    C. 一个图层文件夹中最多放置 9 个图层

    D. 文档的每一个场景都可以包含任意数量的图层

(4) Flash 的帧有三种,分别是(　　　)。

    A. 普通帧　　　　　B. 空白普通帧　　　C. 关键帧　　　　　D. 空白关键帧

(5) 隐藏图层和锁定图层之间有何区别?(　　　)

    A. 隐藏图层中的对象不可见,也不可编辑

    B. 隐藏图层中的对象不可编辑,但可见

    C. 锁定图层中的对象不可编辑,但可见

    D. 锁定图层中的对象不可见,也不可编辑

(6) 删除某图层,可以做(　　　)操作。

    A. 单击时间轴中"删除层"按钮

    B. 直接将层拖动到"删除层"按钮上

    C. 使用鼠标右键单击层名称,然后从快捷菜单中选择"删除层"命令

    D. 选中该层,然后按键盘上的 Delete 键

3. 判断题

(1) 要选中所有连接的线条,可用"选择工具"单击线条的某一段。　　　　　　　(　　　)

(2) Flash 中的图层可以被复制,图层中的帧也可以被复制。　　　　　　　　　(　　　)

(3) 在 Flash 中能够产生动画效果的可以是矢量图形,也可以是位图图像。　　　(　　　)

(4) 在 Flash 中用户无法使用在其他应用程序中创建的矢量图形和位图图像。　　(　　　)

(5) 用 Flash 绘图工具画出来的图形是位图图像。　　　　　　　　　　　　　(　　　)

(6) 矢量图形比位图图像文件的体积大。　　　　　　　　　　　　　　　　　(　　　)

(7) 如果用刷子工具涂刷时按住 Shift 键,则只能沿水平或 45°方向涂刷。　　　(　　　)

(8) 一个普通帧是可以被转换为关键帧或空白关键帧的。　　　　　　　　　　(　　　)

(9) 每一个关键帧的内容都是由用户自己制作完成。　　　　　　　　　　　　(　　　)

第3章 文本应用

在 Flash 作品中,文字主要用于制作各种标题、说明等,也可以在作品中实现动态显示的文字和交互功能的文字。也可以将其他软件(如 Word、WPS、Cool3D)制作的艺术字直接导入 Flash 中使用。

3.1 文本的创建与编辑

3.1.1 传统文本和 TLF 文本

在 Flash 软件中,文字与图形、音乐等元素一样,可以作为一个对象应用到动画制作中,制作出特定的文字动画效果。单击"工具"面板中的"文本工具"按钮,在"属性"面板中单击"文本工具"下方的下拉列表箭头,在弹出的下拉列表中可以看到两种文本,如图 3-1 所示,通过文本属性的相关选项可以对文本进行相应的设置,以便满足用户的需求。

1. 传统文本

传统文本是 Flash 早期的基础文本模式,在 Flash CS6 中仍然可用。传统文本包括"静态文本""动态文本"和"输入文本"三种文本类型,"水平""垂直"以及"垂直,从左向右"三个方向,如图 3-2 所示。

图 3-1 传统文本和 TLF 文本

图 3-2 传统文本分类

三种传统文本类型的作用如下。

(1)静态文本:默认情况下创建的文本对象均为静态文本,文本内容在影片的播放过程中不会改变,一般用于文字说明。

(2)动态文本:该文本对象中的内容可以动态改变,甚至可以随着影片的播放自动更新,一般用于比分或者计时器等方面的文字。

（3）输入文本：该文本对象在影片的播放过程中可以接收用户的输入，如表单或调查表的文本信息等，一般用于交互动画中。

2. TLF 文本

与传统文本相比，TLF 文本支持更丰富的文本布局功能和文本属性控制，是 Flash CS6 中的默认文本类型。

TLF 文本的"属性"面板会根据用户对"文本工具"的使用状态不同，而体现三种显示模式，用户可以根据 TLF 在运行时的具体表现模式，选择三种文本类型："只读""可选"和"可编辑"；以及两种文本方向："水平"和"垂直"，如图 3-3 所示。

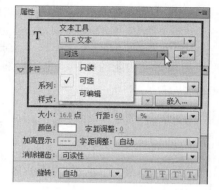

三种 TLF 文本类型的作用如下。

（1）只读：设置此选项后，在生成的 swf 动画中文本框中的文本只能被看到。

（2）可选：设置此选项后，在生成的 swf 动画中文本框中的文本可以进行选择。

（3）可编辑：设置此选项后，在生成的 swf 动画中文本框中的文本可以重新编辑。

图 3-3　TLF 文本的类型和方向

提示：TLF 文本需要 ActionScript 3.0 和 Flash Player 10 以上的播放器才能支持，而且 TLF 文本无法用作遮罩，若要使用文本创建遮罩，需使用传统文本。

3.1.2　文本的创建

Flash 文本的创建方法有两种，即创建可扩展的点文本和限制范围的区域文本。

以 TLF 文本的创建为例，选择"工具"面板中的"文本工具"按钮，然后在舞台中单击，此时出现一个文本框，文本框的右下角有一个空心的小圆圈，文本框的宽度会随着文本输入的多少而改变，称此文本框为点文本框，点文本框的容量大小由其包含的文字所决定，如图 3-4 所示。

如果在点文本框右下角空心圆圈处双击或者拖曳鼠标，可以将点文本框转换为区域文本框。区域文本框为一个固定的文本框，此文本框中不管有多少文字内容，都只能显示此区域中的文字。如果区域文本框中的文字没有超出文本框的范围，右下角显示为空心的矩形；如果区域文本框中的文字超出文本框的范围，右下角则显示为中间带十字的红色矩形，如图 3-5 所示。

图 3-4　点文本框 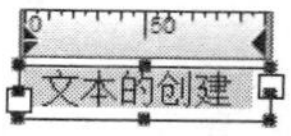　　　　　　　　图 3-5　区域文本框

提示：创建文本时使用"文本工具"在舞台上拖曳出一个区域，可以直接创建区域文本框，拖曳区域大小即区域文本框的大小，然后可以在区域文本框中输入文本内容。

技巧：点文本框与区域文本框的相互转换，只需按住 Shift 键的同时双击右下角的圆形控制手柄或右上角的方形控制手柄即可。

3.1.3 文本的属性设置

选择"文本工具",在"属性"面板中可以对文本的字体和段落属性进行设置。文本的字体属性包括字体、字体大小、样式、颜色、字符间距、自定调整字距和字符位置等;段落属性包括对齐方式、边距、缩进和行距。仍以 TLF 文本为例进行讲解。

1. 设置字符属性

选择"工具"面板中的"文本工具"或者选择舞台中输入的文本,可以对文本进行字符属性设置。字符属性是应用于单个字符的属性。要设置字符属性,可使用"属性"面板的"字符"和"高级字符"选项,如图 3-6 所示。

2. 设置段落属性

除了对文本进行字符属性设置,还可以对整段文字设置段落属性。对于 TLF 文本可使用"属性"面板中的"段落"和"高级段落"选项为其设置段落属性,如图 3-7 所示。

3. 设置容器和流属性

舞台中输入文字包含在文本框内,不仅可以对文本框内的字符和段落进行属性设置,而且可以对整个文本框进行属性设置。如选择 TLF 文本框后,在"属性"面板中将出现"容器和流"的选项,其中的属性用于对整个文本框进行设置,如图 3-8 所示。

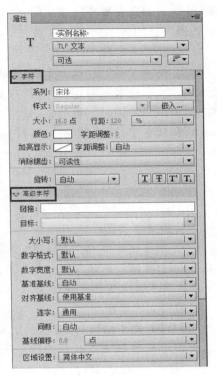

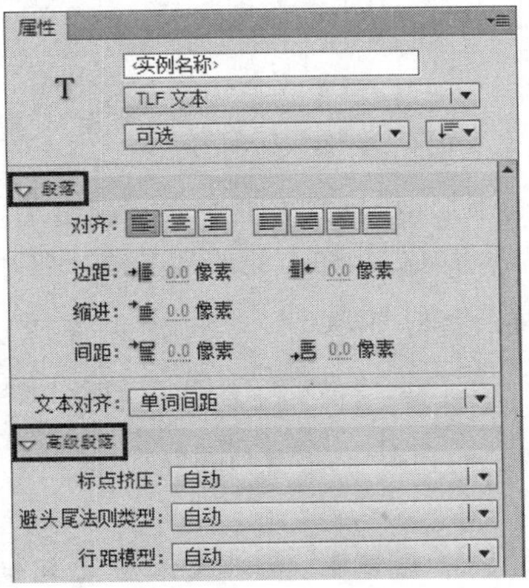

图 3-6 "字符"和"高级字符"选项

图 3-7 "段落"和"高级段落"选项

图 3-8 "容器和流"选项

3.1.4 文本的编辑

当用户在舞台上创建了文本后,常常需要进行修改文本内容、转换文本类型或设置文本串接;Flash动画需要丰富多彩的文本效果,因此对文本进行基础排版之后,常常还需要对其进行进一步的加工。

1. 修改文本内容

使用"文本工具"或"选择工具"双击对象,文本对象上将会出现一个实线黑框,如图 3-9 所示,表示文本已被选中,此时可以对文本进行添加和删除操作,编辑完之后,单击文本之外的部分,退出文本内容编辑模式,这时文本外的黑色线框将变成蓝色实线框,如图 3-10 所示,在这种状态下,可通过"属性"面板中的文本属性对文本进行控制。

图 3-9 编辑文本 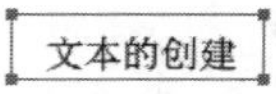   图 3-10 选择文本

2. 转换文本类型

Flash CS6 文本类型之间的转换可通过设置"属性"面板的文本类型来实现。此外,Flash CS6 也支持在传统文本和 TLF 文本引擎之间相互转换,在转换时,TLF 只读文本和TLF 可选文本转换为传统静态文本,TLF 可编辑文本转换为传统输入文本。

3. 设置文本串接

使用 TLF 文本,可以实现多个文本框之间的串接。例如,A 文本框中的文字内容显示不完,可以串接到 B 文本框中进行显示。只要所有串接容器位于同一时间轴内,文本框可以在各个帧之间和在元件内进行串接。

要串接两个或两个以上 TLF 文本框可以通过如下方法操作。

(1) 在"工具"面板中选择"文本工具",在舞台中创建两个文本框,在其中一个文本框中输入文本内容,如图 3-11 所示。

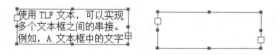

图 3-11 创建的两个文本框

(2) 在左侧文本框中单击文本框右下角的空心矩形(如果文本框中文字超出文本框的范围,则此空心矩形显示为红色带十字的矩形),然后将鼠标指向右侧的文本框,此时鼠标图标变为带有链接形式样式。

(3) 在右侧文本框上右击,此时左侧文本框中显示不出的文本将串接到右侧文本框中,如图 3-12 所示。

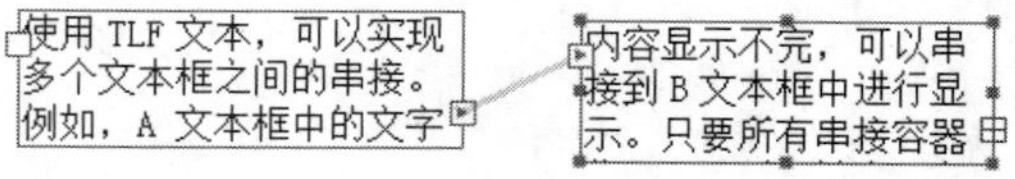

图 3-12 串接的两个文本框

提示:文本框串接后,文本框之间会出现一条斜线,同时文本框串接处的空心矩形中间显示为箭头,表示文本框之间的串接方向。

两个或两个以上文本框中文字串接到一起后,也可以取消它们的串接,只需在串接的文本框边框显示为箭头的位置，双击鼠标即可取消文本框之间的串接，如图 3-13 所示。

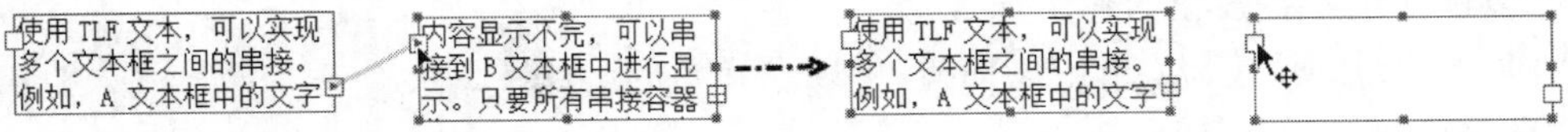

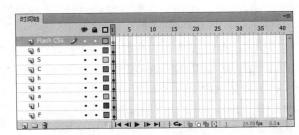

图 3-13　取消文本框的串接

4．文本的分离与分散

分离文字就是将文字转换为矢量图形，这个过程是不可逆的，分离文本的方法是在选中文本后，执行菜单栏中的"修改"|"分离"命令或者按 Ctrl＋B 组合键，将文本分离依次可以使其中的文字成为单个的字符，如图 3-14 所示。

保持文本的选中状态，执行菜单栏中的"修改"|"时间轴"|"分散到图层"命令，可将单个字符分散到各个图层中，如图 3-15 所示。分散到图层后的文本可用来制作时间轴动画，如随风飘落的文字效果、打字效果等。

图 3-14　文本的一次"分离"　　　　图 3-15　文本的二次"分离"

保持好文本的选中状态，再次执行菜单栏中的"修改"|"分离"命令，可把单个字符文本转换为矢量图形，如图 3-16 所示。

5．文本的分离与分散

将文本分离为矢量图形后，可以使用"工具"面板中的"选择工具""部分选取工具"和"颜料桶工具"等绘图工具，方便地改变文字的形状和填充颜色，如图 3-17 所示。

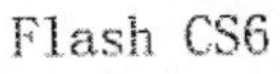

图 3-16　文本的二次"分离"　　　图 3-17　文本的变形与填充

3.2　文本的美化

滤镜是扩展图像处理能力的主要手段。滤镜功能大大增强了 Flash 的设计能力，可以为文本、按钮和影片剪辑增添有趣的视觉效果，并且经常用于将投影、模糊、发光和斜角应用于图形元素。

在 Flash CS6 中，所有的文本模式，包括 TLF 文本和传统文本都可以被添加滤镜效果，这项操作主要通过"属性"面板的"滤镜"选项完成,如图 3-18 所示。

滤镜选项组中各按钮的作用如下。

（1）"添加滤镜"按钮：单击该按钮,可以在弹出的菜单中选择要添加的滤镜选项。

（2）"预设"按钮：单击该按钮,可将设置好的滤镜及其参数保存起来,以便应用于其他对象。

（3）"剪贴板"按钮：利用该按钮,可将所选滤镜及其参数复制,并粘贴到其他对象中。

（4）"启用或禁用滤镜"按钮：单击该按钮,可在显示滤镜效果和隐藏滤镜效果间切换。

（5）"重置滤镜"按钮：单击该按钮,可将滤镜的参数重置为默认值。

（6）"删除滤镜"按钮：单击该按钮,可将所选滤镜删除。

Flash CS6 提供 7 种可选滤镜,包括"投影""模糊""发光""斜角""渐变发光""渐变斜角"和"调整颜色"。选中需要的滤镜选项,将在滤镜的属性列表中显示对应效果的参数选项,设置完参数,即完成效果设置。

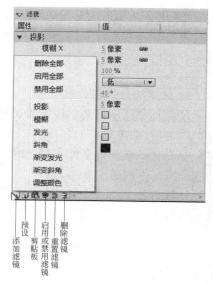

图 3-18　滤镜选项组

下面逐一介绍各滤镜的属性及应用效果。

1. 投影滤镜

投影滤镜可模拟对象向一个表面投影的效果,或者在背景中剪出一个形似对象的洞,来模拟对象的外观。投影滤镜的选项设置如图 3-19 所示。

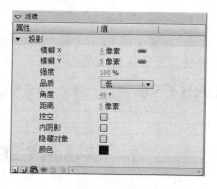

图 3-19　投影滤镜的选项设置及应用效果

投影滤镜的各项设置参数的说明如下。

（1）模糊 X 和模糊 Y：可以指定投影的模糊柔化的宽度和高度,可分别对 X 轴和 Y 轴两个方向设定。如果单击 X 和 Y 后的锁定按钮 ，可以解除 X 和 Y 方向的比例锁定。

（2）强度：设定投影的阴暗程度。数值越大,投影的显示越清晰强烈。

（3）品质：设定投影模糊的质量。可以选择"高""中""低"三项参数,品质越高,投影越清晰。

（4）角度：设定投影相对于对象本身的方向。

（5）距离：设定投影相对于对象本身的远近。

（6）挖空：挖空（即从视觉上隐藏）源对象，并在挖空图像上只显示投影。与 Photoshop 中"填充不透明度"设为零时的情形一样。

（7）内阴影：设置阴影的生成方向指向对象边界内。

（8）隐藏对象：不显示对象本身，只显示阴影。

（9）颜色：设定投影的颜色。单击"颜色"按钮，可以打开调色板选择颜色。

2. 模糊滤镜

模糊滤镜可以柔化对象的边缘和细节。将模糊应用于对象，使其视觉上仿佛位于其他对象的后面，或者使对象看起来具有动感。模糊滤镜的选项设置如图 3-20 所示。

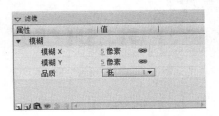

图 3-20　模糊滤镜的选项设置及应用效果

模糊滤镜的各项设置参数的说明如下。

（1）模糊 X 和模糊 Y：设置模糊柔化的宽度和高度。

（2）品质：设置模糊的质量级别。设置为高时近似于高斯模糊。

3. 发光滤镜

发光滤镜可以为对象的边缘应用颜色，使对象周边产生光芒的效果。发光滤镜的选项设置如图 3-21 所示。

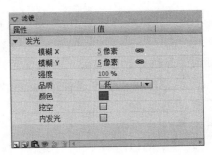

图 3-21　发光滤镜的选项设置及应用效果

发光滤镜的各项设置参数的说明如下。

（1）强度：用于设置对象的透明度（或光芒的清晰度）。

（2）颜色：设置发光颜色。

（3）挖空：选中该复选框可将源对象实体隐藏，而只显示发光。

（4）内发光：选中该复选框可使对象只在边界内应用发光。

44

4. 斜角滤镜

使用斜角滤镜可以制作出立体的浮雕效果,其大部分属性设置与投影、模糊或发光滤镜属性相似。单击类型按钮,在弹出的菜单中可以选择"内侧""外侧"和"全部"三个选项,可以分别对对象进行内斜角、外斜角或完全斜角的效果处理。斜角滤镜的选项设置如图 3-22所示。

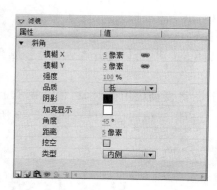

图 3-22 斜角滤镜的选项设置及应用效果

斜角滤镜的各项设置参数的说明如下。

(1)模糊 X 和模糊 Y:可以分别为 X 轴和 Y 轴两个方向设定斜角的模糊程度。如果单击 X 和 Y 后的锁定按钮,可以解除 X、Y 方向的比例锁定。

(2)强度:设置斜角的不透明度。

(3)阴影:设置斜角的阴影颜色。

(4)加亮显示:设置斜角的加亮颜色。

(5)角度:设置斜边投下的阴影角度。

(6)距离:设置斜角立体效果的阴影与对象本体的远近。

(7)挖空:隐藏源对象,只显示斜角。

(8)类型:选择要应用到对象的斜角类型。可以选择内斜角、外斜角或者完全斜角。

5. 渐变发光滤镜

渐变发光滤镜可以在发光表面产生带渐变颜色的光芒效果。渐变发光滤镜的选项设置如图 3-23 所示。渐变发光滤镜的效果和发光滤镜的效果基本一样,只是可以调节发光的颜色为渐变颜色,还可以设置角度、距离和类型。

渐变发光滤镜的各项设置参数的说明如下。

(1)类型:选择要为对象应用的发光类型。可以选择内侧发光、外侧发光或者全部发光。

(2)渐变:指定光芒的渐变颜色。渐变包含两种或两种以上可相互淡入或混合的颜色,以改变该颜色。还可以向渐变中添加颜色,最多可添加 15 个颜色指针。

渐变发光滤镜的其他设置参数与发光滤镜相同,在此不再赘述。

6. 渐变斜角滤镜

使用渐变斜角滤镜同样也可以制作出比较逼真的立体浮雕效果。渐变斜角要求渐变的中间有一个颜色,颜色的透明度值为 0。无法移动此颜色的位置,但可以改变该颜色。渐变

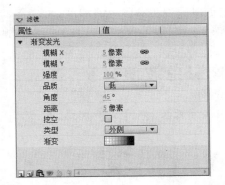

图 3-23 渐变发光滤镜的选项设置及应用效果

斜角滤镜的选项设置如图 3-24 所示。

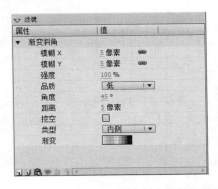

图 3-24 渐变斜角滤镜的选项设置及应用效果

渐变斜角滤镜的各项设置参数与斜角滤镜基本相同,在此不再赘述。

7. 调整颜色滤镜

添加调整颜色滤镜,可以调整对象的亮度、对比度、饱和度和色相。调整颜色滤镜的选项设置如图 3-25 所示。

图 3-25 调整颜色滤镜的选项设置及应用效果

调整颜色滤镜的各项设置参数的说明如下。

(1) 亮度:调整对象的亮度。取值范围为 $-100 \sim 100$,向左拖动滑块可以降低对象的亮度,向右拖动可以增强对象的亮度。

(2) 对比度:调整对象的对比度。取值范围为 $-100 \sim 100$,向左拖动滑块可以降低对象的对比度,向右拖动可以增强对象的对比度。

(3) 饱和度:设定色彩的饱和程度。取值范围为 $-100 \sim 100$,向左拖动滑块可以降低对象中包含颜色的浓度,向右拖动可以增加对象中包含颜色的浓度。

（4）色相:调整对象中各个颜色色相的浓度,取值范围为−180～180。

3.3　制作彩色波浪文字

任务:本节制作"谢谢观赏"彩色波浪文字效果,如图 3-26 所示。

图 3-26　彩色波浪文字效果

1. 新建文档

运行 Flash CS6,单击菜单栏中的"文件"|"新建"|ActionScript 命令,新建一个 Flash ActionScript 3.0 文档,文档属性保持默认参数。

2. 创建和分离文本

（1）选择"工具"面板中的"文本工具",在舞台的适当位置单击鼠标,然后在"属性"面板中设置字体系列为"微软雅黑",大小为"70",颜色为"黑色",如图 3-27 所示。

（2）返回舞台,在文本框中输入文本"谢谢观赏"。

（3）选中文本,连续两次执行菜单"修改"|"分离"命令,将文本转化为矢量图形,如图 3-28 所示。

图 3-27　设置文本属性

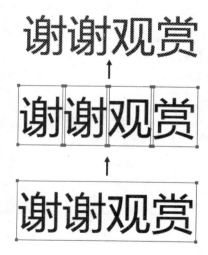

图 3-28　分离文本

3. 填充和变形文本

（1）在"属性"面板单击"颜色填充"按钮,选中需要的渐变色对其填充,比如选择如图 3-29 所示的渐变色,填充后效果如图 3-30 所示。

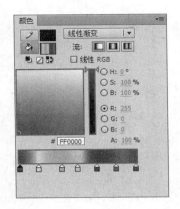

图 3-29　设置线性渐变色

谢谢观赏

图 3-30　填充后效果

（2）选择"工具"面板中的"任意变形工具"，在其下方的选项区中单击"封套"按钮，对舞台上的图形进行变形操作，如图 3-31 所示。调整后效果如图 3-32 所示。

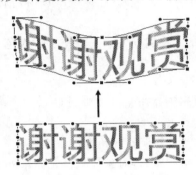

图 3-31　封套工具修改

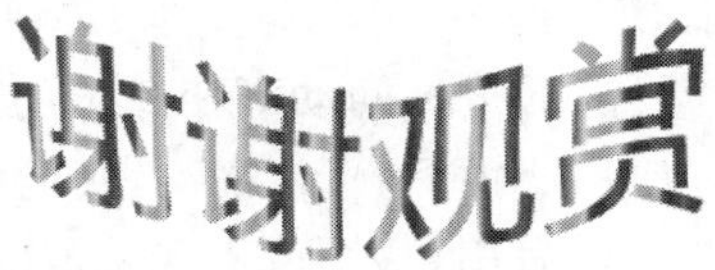

谢谢观赏

图 3-32　调整后效果

4. 添加滤镜

（1）全选封套变形后的"谢谢观赏"，按 F8 键转换为影片剪辑元件。

（2）单击"属性"面板中的"滤镜"选项，为影片剪辑添加"投影"滤镜效果，参数保持默认设置，如图 3-33 所示。

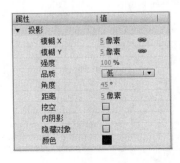

图 3-33　"投影"滤镜默认参数

5. 保存和测试影片

按 Ctrl＋S 组合键保存影片，按 Ctrl＋Enter 组合键测试影片。

思考与练习

1. 单选题

(1) 在 Flash 中,如果要对字符设置形状补间,必须按( )键将字符打散。

    A. Ctrl+J　　　　　B. Ctrl+O　　　　　C. Ctrl+B　　　　　D. Ctrl+S

(2) 制作动画过程中,按 Ctrl+B 组合键的作用是( )。

    A. 图像分离　　　　　　　　　　　B. 图像转换为元件

    C. 普通帧转换为关键帧　　　　　　D. 以上都不是

(3) 使用文本工具输入文本后,要改变文字的大小和字体,应该在( )面板中设定。

    A. 调色器　　　　　B. 属性　　　　　C. 效果　　　　　D. 信息

(4) 在 Flash 中,如果希望分离成单个文字的文本可以分散到各个图层,使每个图层中只包含一个字符,可使用的命令是( )。

    A. 分离　　　　　B. 分散到图层　　　　　C. 改变形状　　　　　D. 取消组合

(5) 下面( )面板可以设置文本的大小。

    A. 对齐　　　　　B. 动作　　　　　C. 属性　　　　　D. 颜色

2. 多选题

(1) 关于 Flash 中的滤镜,下列描述正确的是( )。

    A. 使用滤镜,可以为文本、按钮和影片剪辑增添丰富的视觉效果

    B. 可以通过补间动画使滤镜的效果产生变化

    C. 应用滤镜后,可以随时改变其选项,或者重新调整滤镜顺序以实验组合效果

    D. 可以启用、禁用或者删除滤镜,但删除滤镜以后,对象无法恢复原来外观

(2) Flash 传统文本包括( )。

    A. 静态文本　　　　　B. 输入文本　　　　　C. 动态文本　　　　　D. 普通文本

3. 判断题

(1) 在 Flash 中对文本进行变形后,不可以对文本进行编辑。　　　　　　　　( )

(2) 文本分离为形状后,就不再具有文本的属性。　　　　　　　　　　　　( )

第4章 图形元件

元件是 Flash 中一种比较特殊的、可重复使用的对象,也是交互动画设计过程中不可缺少的部分,利用元件可以大大地简化动画的编辑和创建交互动画。

4.1 元件、实例和库

元件、库和实例是制作 Flash 动画的三大元素。在动画制作过程中,经常需要重复使用一些特定的动画元素,用户将这些元素转换为元件,就可以在动画中多次调用,而且同一个元件只需要浏览器下载一次,因此使用元件还可以加快动画在网页中的下载速度。

实例是对元件的引用,一旦创建了元件,可以在"库"面板中去存放和管理它们,而将元件从"库"面板中拖放到舞台上就产生了该元件的实例。实例跟它的元件在颜色、大小和功能上可以不同。如果要更改动画中重复的元件实例,只需对该元件实例所对应的元件进行更改,Flash 就会更新所有元件实例。"库"面板中除了存放元件,还可以用来存放图片、声音、视频等元素,在库中的对象都可以反复使用,实现资源共享。

4.1.1 元件的类型

在 Flash CS6 中,每个元件都有自己独立的时间轴、舞台及图层。用户可以在创建元件时选择元件的类型,而元件的类型将决定元件的使用方法。一般来说,在 Flash 中元件有三种类型:图形元件、按钮元件和影片剪辑元件。

1. 图形元件

图形元件的图标为 ,它依赖于场景中主时间轴动画的播放,是制作动画的基本元素之一,图形元件的好处就是在主时间轴中就能看到图形元件内所作的动画效果,一般只含一帧的静止图片。图形元件不能添加 ActionScript 交互行为和导入声音,也不能添加滤镜效果。

2. 影片剪辑元件

影片剪辑元件的图标为 ,它是构成 Flash 动画的一个片段,它能独立与场景中的主时间轴动画进行播放,即使"场景"中时间轴只有一帧,影片剪辑也可以照常播放其内部的几分钟画面和声音。当播放场景中的主时间轴动画时,影片剪辑元件也在循环播放。影片剪辑元件可以添加 ActionScript 交互行为和导入声音,也可以添加滤镜效果。

3. 按钮元件

按钮元件的图标为 ,它主要用于创建动画的交互控制按钮,以响应鼠标事件(如单击、释放和滑过等)。按钮有"弹起""指针经过""按下"和"点击"4 个不同的状态帧,如图 4-1 所示。4 个状态帧的作用如下。

图 4-1　按钮元件的时间轴

（1）"弹起"帧的内容代表指针没有经过按钮时该按钮的状态。

（2）"指针经过"帧的内容代表指针滑过按钮时该按钮的外观。

（3）"按下"帧的内容代表单击按钮时该按钮的外观。

（4）"点击"帧的内容限定着相应鼠标单击的区域，此区域在输出文件中是不可见的。

用户可以分别在按钮的不同状态帧上创建不同的内容，既可以是静止图形，也可以是影片剪辑，而且可以给按钮添加时间的交互动作，使按钮具有交互功能。

4.1.2　库

库是 Flash 文档中用于存放各种动画元素的场所，当需要某个元素时，可以从面板中直接调用，也可以在面板中对各种动画元素进行删除、排列、重命名等操作。执行"窗口"|"库"菜单命令，调出"库"面板，如图 4-2 所示。

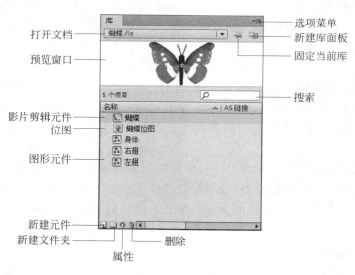

图 4-2　"库"面板

1. "库"面板

（1）打开文档：单击该库，可以显示当前打开的所有文档，通过选择可以快速查看选择文档的"库"面板，从而通过一个库面板查看多个库的任务。

（2）预览窗口：用于预览显示当前在"库"面板中所选的对象，当所选择的对象为动画、声音或者视频文件时，预览框中将出现"播放"按钮和停止的控制按钮，通过它们可以在预览窗口中控制对象的播放或停止。

（3）搜索：可进行元件名称的搜索，从而快速找到元件。

（4）属性：单击该按钮，可以弹出"元件属性"对话框，用于设置元件的属性。

（5）删除：用于删除库中所选的对象。

2. 公用库的使用

Flash CS6 还自带了三类公用库：声音、按钮和类。使用公用库中的项目，可以直接在舞台中添加按钮或声音等。选择菜单栏中的"窗口"|"公用库"命令，在弹出的级联菜单中选择一个库类型，即可打开该类型公用库面板，如图 4-3 所示。

图 4-3　"按钮""类""声音"公用库

在制作 Flash 动画时，如果用户想要使用别的 Flash 文档中的元素，那么可以使用外部库，执行"文件"|"导入"|"打开外部库"命令，在打开的"作为库打开"对话框中，选择要作为外部库的 Flash 文档，然后单击"打开"按钮将其打开。

4.2　元件的基本操作

在 Flash CS6 中，每个元件都有自己独立的时间轴、舞台及图层。用户可以在创建元件时选择元件的类型，而元件的类型将决定元件的使用方法。

4.2.1　创建元件

在 Flash 中创建元件的方法有两种：一种是直接新建一个空元件，然后在元件编辑模式下建立元件内容；另一种是将舞台中的某个元素转换为元件。

1. 新建元件

要新建元件，选择菜单栏中的"插入"|"新建元件"命令，打开"创建新元件"对话框，如图 4-4 所示，在"名称"栏中输入元件的名称，在"类型"下拉列表中选择要创建的元件类型。单击"确定"按钮，进入元件编辑模式进行元件的制作。新建元件后，元件存放在库中，舞台中是没有的。

图 4-4 "创建新元件"对话框

2. 转换为元件

1）将元素转换为元件

如果舞台中的元素需要反复使用,可以将它直接转换为元件,保存在"库"面板中,方便以后调用。转换方法有以下几种。

（1）选中舞台中的元素,选择菜单栏中的"修改"|"转换为元件"命令。

（2）在舞台中选中元素,然后将对象拖曳到"库"面板中。

（3）右击舞台中的元素,从弹出的快捷菜单中选择"转换为元件"命令。

2）将动画转换为影片剪辑元件

在制作一些较为大型的 Flash 动画时,不仅是舞台中的元素要重复使用,很多动画效果也需要重复使用。可以使用复制图层的方法,将动画转换为"影片剪辑"元件。操作方式如下:单击需要复制的图层,在全部选择的帧上右击,在弹出的快捷菜单中选择"复制帧"命令,然后执行菜单栏中的"插入"|"新建元件"命令,打开"创建新元件"对话框,输入元件名称,选择"影片剪辑"元件类型。在新建的元件内右击图层的第一帧,在弹出的快捷菜单中选择"粘贴帧"命令。这样就将一段动画转换为"影片剪辑"元件,如图 4-5 所示。

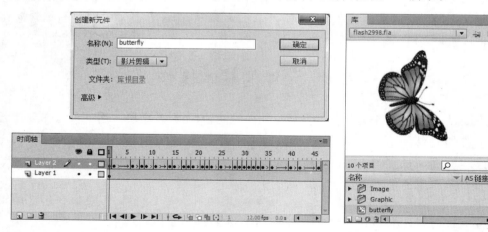

图 4-5 将动画转换为影片剪辑元件

4.2.2 直接复制元件

通过直接复制元件,可以使用现有的元件作为创建新元件的母本,来创建具有不同外观的新元件。操作方法如下。

（1）在舞台上选择元件后右击，在弹出的快捷菜单中选择"直接复制元件"命令，在打开的对话框中输入新元件的名称。

（2）在"库"面板中选择元件后右击，在弹出的快捷菜单中选择"直接复制"命令，在打开的对话框中输入新元件的名称。

（3）在"库"面板中选择该元件，单击"库"面板右上角的按钮 ，在打开的"库"面板控制菜单中选择"直接复制"命令。

4.2.3 编辑元件

创建元件后，可以在元件编辑模式下编辑该元件，也可在舞台中编辑该元件，还可在新窗口编辑该元件。

1. 在当前位置编辑元件

在当前位置编辑元件，用户可以在编辑元件的过程中更加方便地参照其他对象在舞台中的相对位置。

要在当前位置编辑元件，可以在舞台上双击元件的一个实例；或者在舞台上选择元件的一个实例，右击后在弹出的快捷菜单中选择"在当前位置编辑"命令；或者在舞台上选择元件的一个实例，然后选择菜单栏中"编辑"|"在当前位置编辑"命令，进入元件编辑状态。

2. 在新窗口中编辑元件

要在新窗口中编辑元件，可以右击舞台中的元件，在弹出的快捷菜单中选择"在新窗口中编辑"命令，直接打开一个新窗口，并进入元件的编辑状态，如图4-6所示。

图 4-6　在新窗口中编辑元件

3. 在元件编辑模式下编辑元件

除了在当前位置和新窗口中编辑元件，还可以在元件编辑模式下编辑元件，具体操作有以下几种方式。

（1）双击"库"面板中的元件图标。

（2）在"库"面板中选择该元件，单击面板右上角的按钮，在"库"面板控制菜单中选择"编辑"命令。

（3）在"库"面板中右击该元件，从弹出的快捷菜单中选择"编辑"命令。

（4）在舞台上右击元件实例，从弹出的快捷菜单中选择"编辑"命令。

（5）在舞台上选择元件实例，执行菜单栏中"编辑"|"编辑元件"命令。

4. 退出元件编辑状态

在元件编辑完成以后,需要退出元件的编辑状态,可以采用以下几种操作。

(1) 单击舞台左上角的第一个按钮,返回上一层编辑模式,如图4-7所示。

图4-7　退出元件编辑状态

(2) 选择菜单栏中的"编辑"|"编辑文档"命令(组合键为Ctrl+E)。

(3) 在元件的编辑模式下,双击元件内容以外的空白处。

4.3　制作图形元件

图形元件的图标为 ，它依赖于场景中主时间轴动画的播放,是制作动画的基本元素之一,图形元件的好处就是在主时间轴中就能看到图形元件内所作的动画效果,一般只含一帧的静止图片。图形元件不能添加ActionScript交互行为和导入声音,也不能添加滤镜效果。

4.3.1　制作道路元件

任务:本节的任务是完成道路图形元件的绘制,道路的效果如图4-8所示。

图4-8　道路图形效果

1. 创建文件

(1) 启动Flash CS6,新建一个ActionScript 3.0文档,然后执行"修改"|"文档"菜单命令,打开"文档设置"对话框,设置"尺寸"为800像素(宽度)×600像素(高度)。

(2) 执行"文件"|"保存"菜单命令,打开"另存为"对话框,将文档存储为"道路.fla"。

2. 新建元件

(1) 执行"插入"|"新建元件"菜单命令,创建一个名称为"道路"的图形元件,如图4-9所示。

(2) 重命名图层1为"路面"。

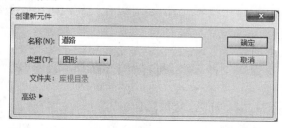

图4-9　创建"道路"图形元件

3. 编辑路面图形元件

1）路面矩形图形

（1）选择"工具箱"中的"矩形工具"。

（2）设置笔触颜色为无，填充颜色"＃666666"。

（3）在舞台上拖曳鼠标，画出矩形。

（4）在"属性"面板中设置矩形图形宽为"800"，高为"70"。

（5）选择"工具箱"中的"矩形工具"。

（6）设置填充色为白色"＃CCCCCC"，绘制出两个相同大小的矩形作为道路的边线，如图 4-10 所示。

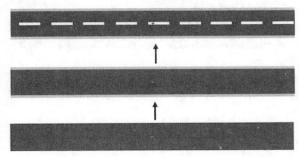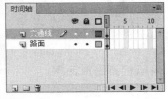

图 4-10　绘制道路图形

2）添加交通线图形

（1）新建图层，命名为"交通线"。

（2）选择"工具箱"中的"矩形工具"。

（3）设置笔触颜色为无，填充颜色"＃000000"。

（4）在舞台上拖曳鼠标，画出矩形。

（5）在"属性"面板中设置矩形图形宽为"50"，高为"6"。

（6）选择白色矩形图形，按住 Ctrl 键的同时拖曳鼠标，即可复制并移动图形。

（7）复制多份白色矩形图形，并调整位置，如图 4-10 所示。

3）保存文件

执行"文件"|"保存"菜单命令。

4.3.2　制作桥元件

任务：本节的任务是完成桥图形元件的绘制，桥的效果如图 4-11 所示。

1. 创建文件

（1）启动 Flash CS6，新建一个 ActionScript 3.0 文档，然后执行"修改"|"文档"菜单命令，打开"文档设置"对话框，设置"尺寸"为 800 像素（宽度）×600 像素（高度）。

（2）执行"文件"|"保存"菜单命令，打开"另存为"对话框，将文档存储为"桥.fla"。

2. 新建元件

（1）执行"插入"|"新建元件"菜单命令，创建一个名称为"桥"的图形元件，如图 4-12 所示。

（2）重命名图层 1 为"桥面"。

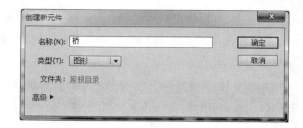

图 4-11　桥图形元件　　　　　　　　图 4-12　创建图形元件

3. 编辑桥面图形元件

1）绘制木板图形

（1）选择"工具箱"中的"矩形工具"。

（2）设置笔触高度为"1.00"，线条颜色"♯804000"，填充颜色"♯A25100"。

（3）在舞台上拖曳鼠标，画出矩形。

（4）再使用选择工具调整出一块木板的形状，如图 4-13 所示。

2）组合木板图形

（1）使用鼠标双击木板图形，将内部填充及线条均选中。

（2）按住 Ctrl 键的同时拖曳鼠标，即可复制出一份相同的木板

（3）再使用选择工具调整位置。

（4）按照上述方法复制多份木板。

（5）选择"工具箱"中的"任意变形工具"，调整后如图 4-14 所示，得到"木板 1"图形。

图 4-13　绘制木板图形　　　　　　　图 4-14　组合并调整木板

3）转换为图形元件

（1）选择"木板 1"图形，单击鼠标右键，在弹出的快捷菜单中选择"转换为元件"菜单命令。

（2）将该图形保存为"桥面"图形元件。

4）组合桥图形元件

（1）从"库"面板中拖曳两份"桥面"图形元件。

（2）将三份"桥面"图形元件的实例调整位置及角度。

（3）新建图层，重命名为"立柱"。

（4）选择"工具箱"中的"矩形工具"。

（5）绘制出多个小矩形，作为连接栏杆和桥面的立柱。

（6）新建图层，重命名为"栏杆"。

（7）选择"工具箱"中的"矩形工具"，绘制出矩形，作为栏杆，如图 4-15 所示。

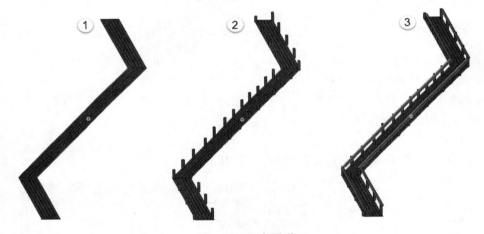

图 4-15　组合图形

4. 保存文档

执行"文件"|"保存"菜单命令，保存文档。

4.3.3　制作非洲雁元件

任务：本节的任务是完成非洲雁图形元件的绘制，包括身体和眼睛，完成后如图 4-16 所示。

（1）启动 Flash CS6，新建一个 ActionScript 3.0 文档，然后执行"修改"|"文档"菜单命令，打开"文档设置"对话框，设置"尺寸"为 800 像素（宽度）×600 像素（高度）。

（2）执行"文件"|"保存"菜单命令，打开"另存为"对话框，将文档存储为"非洲雁.fla"。

图 4-16　非洲雁图形元件

（3）绘制身体轮廓。

① 双击"图层 1"，将其重命名为"身体"。

② 选择"工具箱"中的"铅笔工具"。

③ 设置铅笔模式为"平滑"。

④ 选择线条颜色为浅灰色"♯CCCCCC",内部填充色为白色"♯FFFFFF"。

⑤ 在舞台上拖曳鼠标,绘出非洲雁身体轮廓,如图 4-17 所示。

（4）添加阴影。

① 选择"工具箱"中的"铅笔工具"。

图 4-17　身体轮廓

② 采用"平滑"铅笔模式,红色"♯FF0000"线条在身体内部添加闭合的阴影轮廓,并使用浅灰色"♯CCCCCC"填充,再将红色轮廓线删除,如图 4-18 所示。

图 4-18　添加阴影

（5）嘴部着色。

① 选择"工具箱"中的"颜料桶工具"。

② 将嘴的上部填充深红色"♯B60000",透明度为"60%";嘴的下部填充浅红色"♯DB5656",透明度为"60%",如图 4-19 所示。

（6）绘制眼睛。

① 新建一个图层,将其重命名为"眼睛",如图 4-20 所示。

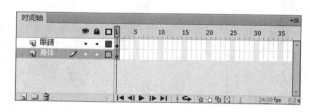

图 4-20　图层名称

图 4-19　嘴部填充颜色

② 选择"工具箱"中的"椭圆工具"。

③ 设置颜料桶填充模式为"径向渐变",拖曳鼠标画出一个椭圆。

④ 再设置颜料桶填充模式为"纯色",颜色为黑色"♯000000",拖曳鼠标在大圆中绘制一个小圆,如图 4-21 所示。

（7）保存文档。

4.3.4　制作教学楼元件

任务：本节的任务是完成教学楼的基本图形绘制。教学楼完成后的图形如图 4-22 所示。

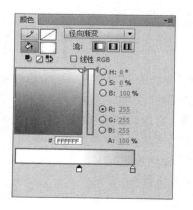

图 4-21　绘制眼睛图形

教学楼包含楼体、楼梯间、窗户、门和外墙装饰。

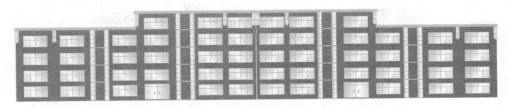

图 4-22　组合教学楼图形元件

1．绘制楼体

（1）启动 Flash CS6，新建一个 ActionScript 3.0 文档，然后执行"修改"|"文档"菜单命令，打开"文档设置"对话框，设置"尺寸"为 800 像素（宽度）×600 像素（高度）。

（2）执行"文件"|"保存"菜单命令，打开"另存为"对话框，将文档存储为"组合教学楼.fla"。

（3）双击"图层 1"，将其重命名为"楼体"，如图 4-23 所示。

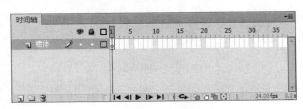

图 4-23　重命名图层

① 选择"工具箱"中的"矩形工具"。

② 设置笔触高度为"2.00"。

③ 选择线条颜色为浅灰色"♯CCCCCC"，内部填充色为"♯CC9944"。

④ 在舞台上绘制一个矩形，宽 440 像素，高 330 像素。

⑤ 在舞台上再绘制一个矩形，宽 460 像素，高 270 像素，使得两个矩形有一部分重叠，如图 4-24 所示。

⑥ 选择"工具箱"中的"选择工具"，单击多余线条，按 Delete 键将其删除。

⑦ 按住 Ctrl 键将两个长方形上方的边选中，在"属性"面板中将笔触高度设为"10"，如图 4-25 所示。

图 4-24　部分重叠的两个长方形

图 4-25　修改线条后的长方形

59

（4）执行"文件"|"保存"菜单命令。

2．绘制楼体间

（1）单击"时间轴"面板左下方"新建图层"按钮，如图 4-26 所示，增加一个图层并重命名为"楼梯间"。

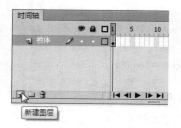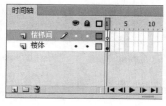

图 4-26　新建图层并重命名

（2）鼠标左键单击"楼梯间"图层的第 1 帧，绘制长方形：

① 选择"工具箱"中的"矩形工具"。

② 设置笔触高度为"2.00"。

③ 选择线条颜色为浅灰色"♯CCCCCC"。

④ 在舞台上绘制一个矩形。

⑤ 单击选择该矩形左侧的边，按住 Ctrl 键的同时拖动鼠标，实现复制和移动。

⑥ 重复上一步操作，如图 4-27（a）所示。

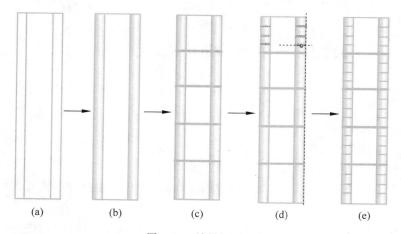

图 4-27　楼梯间制作

（3）编辑颜色。

① 选择"工具箱"中的"颜料桶工具"。

② 执行"窗口"|"颜色"菜单命令，打开"颜色"面板。

③ 设置"颜色类型"为"线性渐变"，色卡共添加三种颜色，从左到右依次为"C2DAFE"、"FFFFFF"和"DFEBFE"，如图 4-28 所示。

④ 单击鼠标左键，对矩形的部分区域填充，效果如图 4-27（b）所示。

（4）添加线条。

① 选择"工具箱"中的"线条工具"。

② 设置笔触高度为"4.00"。

③ 选择线条颜色为浅灰色"♯CCCCCC"。

④ 按住 Shift 键的同时拖曳鼠标,绘制出水平线条。

⑤ 选择所绘制的线条,按住 Ctrl 键的同时拖曳鼠标,进行复制和移动,如图 4-27(d) 所示。

⑥ 重复上一步操作,增加更多相同属性的线条,如图 4-27(e)所示。

(5) 增加一个楼梯间。

将步骤(4)得到的楼梯间图形复制一份,调整高度和位置,如图 4-28 所示。

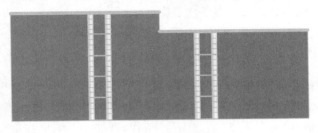

图 4-28　增加楼梯间

(6) 保存文档。

执行"文件"|"保存"菜单命令,保存文档。

3. 绘制窗户

(1) 单击"时间轴"面板左下方"新建图层"按钮,增加一个图层并重命名为"窗户"。

(2) 鼠标左键单击"窗户"图层的第 1 帧,绘制长方形。

① 选择"工具箱"中的"矩形工具"。

② 设置笔触高度为"2.00"。

③ 选择线条颜色为浅灰色"♯CCCCCC"。

④ 在舞台上绘制一个矩形。

⑤ 选择"工具箱"中的"颜料桶工具",此处仍采用"线性渐变"填充颜色,从左到右依次为"C2DAFE""FFFFFF"和"DFEBFE",如图 4-29 所示。

⑥ 选择"工具箱"中的"渐变变形工具",单击矩形图形内部填充色位置,使用鼠标拖曳右上角控制手柄,调整填充色的旋转角度,如图 4-30 所示。

图 4-29　"颜色"面板

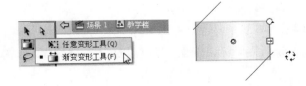

图 4-30　使用渐变变形工具改变颜色填充方向

⑦ 通过复制和移动操作,为教学楼添加多个窗户,调整位置,效果如图 4-31 所示。

图 4-31　添加窗户

(3) 保存文档。

执行"文件"|"保存"菜单命令,保存文档。

4. 绘制门

(1) 单击"时间轴"面板左下方"新建图层"按钮,增加一个图层并重命名为"门"。

(2) 鼠标左键单击"门"图层的第 1 帧,绘制长方形。

① 选择"工具箱"中的"矩形工具"。

② 设置笔触高度为"2.00"。

③ 选择线条颜色为浅灰色"♯CCCCCC"。

④ 选择"工具箱"中的"颜料桶工具",此处仍采用"线性渐变"填充颜色,从左到右依次为"C2DAFE""FFFFFF"和"DFEBFE",如图 4-29 所示。

⑤ 在舞台上绘制一个矩形。

⑥ 选择"工具箱"中的"矩形工具"。

⑦ 绘制两条互相垂直相交的线条。

⑧ 选择"工具箱"中的"颜料桶工具",修改填充颜色为"纯色",颜色为浅灰色"♯CCCCCC",绘制两个对称的长方形,效果如图 4-32 所示。

(3) 保存文档。

执行"文件"|"保存"菜单命令,保存文档。

图 4-32　绘制门

5. 绘制外墙装饰

(1) 单击"时间轴"面板左下方"新建图层"按钮,增加一个图层并重命名为"外墙装饰"。

(2) 鼠标左键单击"外墙装饰"图层的第 1 帧,绘制长方形。

① 选择"工具箱"中的"矩形工具"。

② 设置笔触高度为"2.00"。

③ 选择线条颜色为浅灰色"♯CCCCCC"。

④ 在舞台上绘制一个矩形。

(3) 调整线条。

① 分别将鼠标置于上、下边附近,当鼠标指针变为 时,向下拖动鼠标,将直线变为弧线。

② 选择"工具箱"中的"线条工具"。

③ 选择线条颜色为白色"♯FFFFFF"。

④ 绘制两条直线线条,再调整为弧线,效果如图 4-33 所示。

(4) 复制图形。

复制并移动外墙装饰图形,效果如图 4-34 所示。

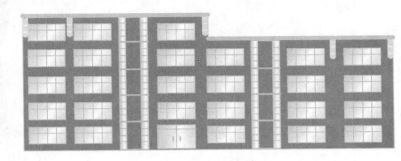

图 4-33　装饰图形　　　　　　　　　图 4-34　粘贴外墙装饰

(5) 保存文档。

执行"文件"|"保存"菜单命令,保存文档。

新建一个图形元件,命名为"组合教学楼",在该元件的默认图层中第 1 帧处,从"库"面板中拖曳两次"教学楼"图形元件到舞台,舞台中的"教学楼"是图形元件应用于舞台的实例。将其中一个"教学楼"实例选中,执行"修改"|"变形"|"水平翻转"菜单命令,此时就得到了如图 4-22 所示的组合教学楼图形元件。

4.3.5　制作树木元件

任务:本节的任务是完成树木的基本图形绘制。树木完成后的图形如图 4-35 所示。树木包含树干、树枝和树叶。

1. 绘制树干

(1) 启动 Flash CS6,新建一个 ActionScript 3.0 文档,然后执行"修改"|"文档"菜单命令,打开"文档设置"对话框,设置"尺寸"为 800像素(宽度)×600 像素(高度)。

(2) 执行"文件"|"保存"菜单命令,打开"另存为"对话框,将文档存储为"树木.fla"。

图 4-35　树木图形元件

(3) 双击"图层 1",将其重命名为"树干"。

(4) 绘制树干基本形状。

① 选择"工具箱"中的"铅笔工具"。

② 设置"铅笔模式"为平滑模式,如图 4-36 所示。

③ 选择线条颜色为灰黑色"#666666",设置笔触高度为"1.00","属性"面板如图 4-37 所示。

图 4-36　平滑模式

④ 在舞台上绘制树干的基本形状,将其内部填充成深绿色"#003300",如图 4-38 所示。

⑤ 把铅笔工具的线条颜色调成黄色"#FFFF00",绘制阴影部分,并将图形内部填充成浅黄色"#CCCC66"。

图 4-37　属性面板

图 4-38　树干基本形状

⑥ 去掉阴影的轮廓线条,如图 4-39 所示。

图 4-39　填充阴影

⑦ 使用相同办法绘制另一侧阴影部分。填充的颜色稍深一些,也去掉线条,如图 4-40 所示。

图 4-40　另一侧阴影

⑧ 再次填充一种稍浅颜色的阴影部分,如图 4-41 所示。

图 4-41　添加亮色阴影

2. 绘制树叶

（1）单击"时间轴"面板左下方"新建图层"按钮，增加一个图层并重命名为"树冠"。

（2）鼠标左键单击"树冠"图层的第1帧，绘制树冠。

① 选择"工具箱"中的"线条工具"。

② 在舞台上用直线工具绘制出树茂的大体形状，如图4-42所示。

③ 新增一个图层，命名为"树冠2"，根据上面绘制的形状，用铅笔工具细画，如图4-43所示。

④ 填充成绿色"♯333300"，如图4-44所示。

图4-42 树冠大体形状　　　　图4-43 树冠2　　　　图4-44 填充树冠

⑤ 新增一个图层，命名为"阴影"，用铅笔工具，绘制阴影的线条，填充成绿色"♯009900"，再删掉线条，如图4-45所示。

图4-45 绘制阴影

⑥ 新增一个图层，命名为"新叶"，增加更浅色阴影，完成后时间轴如图4-46所示。

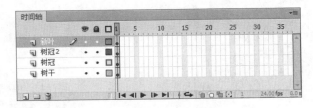

图4-46 时间轴

（3）用选择工具把细节调节一下，保存文档。

4.3.6　制作菊花元件

任务：本节的任务是完成向菊花的基本图形绘制。菊花完成后的图形如图4-47所示。菊花包含多个花瓣、花叶和花茎。

图4-47 菊花

1. 绘制和保存花瓣

（1）启动 Flash CS6，新建一个 ActionScript 3.0 文档，保存为"菊花.fla"，然后执行"修改"|"文档"菜单命令，打开"文档设置"对话框，设置"尺寸"为 800 像素（宽度）×600 像素（高度）。

（2）执行"插入"|"新建元件"菜单命令，新建一个图形类型元件"花瓣"。

（3）绘制菊花的一个花瓣，如图 4-48 所示。

① 选择"工具箱"中的"椭圆工具"。

② 设直线条颜色。

③ 选择颜色为偏深黄色（桔黄）（R:255,G:204,B:0）。

④ 选择"工具箱"中的"填充颜色"按钮，将颜色设置为无。

⑤ 在舞台上绘制一个椭圆。

⑥ 选择"工具箱"中的"选择工具"。

⑦ 按住 Ctrl 键的同时在椭圆两端拖曳出两个端点。

图4-48 绘制向日葵花瓣

⑧ 选择"工具箱"中的"线条工具"，设直线条颜色与花瓣轮廓颜色一致。

⑨ 在"属性"面板中设置笔触的大小为"1.00"。

⑩ 在刚才绘制的图形内部画一些线条，作为花瓣纹理，如图 4-48 所示。

说明：使用颜料桶可以给任意的一个轮廓内部填充颜色，这个轮廓可以是完全封闭的，也可以是有空隙的，空隙的大小可以通过选项进行设置，以便忽略该空隙。

（4）填充花瓣上的纹理。

① 选择"工具箱"中的"颜料桶工具"。

② 打开"颜色"面板，设置填充颜色为"线性渐变"，从左到右两个颜色分别为"#FFFF00""#F7FFC8"，如图 4-49 所示，对花瓣内部每个区域分别进行填充。

③ 选择"工具箱"中的"渐变变形工具"，如图 4-50 所示。

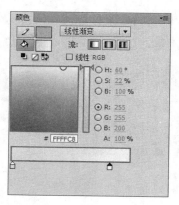

图 4-49 填充并调整颜色

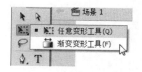

图 4-50 渐变变形工具

④ 调整颜色填充的方向，从左到右依次顺时针 90°，逆时针 90°，顺时针 90°，如图 4-51 所示。

⑤ 删除花瓣内部和外部所有线条，如图 4-51 所示。

（5）将绘制好的花瓣图形全选，单击鼠标右键，将其转换成图形元件保存到库，名称为花瓣。

2.绘制和保存花朵

（1）执行"插入"|"新建元件"菜单命令，新建一个图形类型元件"花朵"。

（2）制作花朵图形元件。

① 将"图层1"重命名为"辅助线"。

② 选择"工具箱"中的"线条工具"，在舞台中绘制出十字线作为辅助线。

③ 在不选中任何图形的情况下按Ctrl+G键新建一个空组合，然后按住Shift+Alt组合键的同时使用"椭圆工具"在十字线上绘制一个圆形，接着双击空白处返回主场景，再将圆形的中心点对齐到十字辅助线的交叉点上，如图4-52所示。

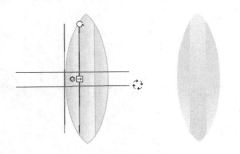

图4-51 调整填充颜色

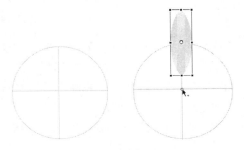

图4-52 在辅助线上放置花瓣

④ 新建一个图层，重命名为"花环"，从"库"面板中拖曳出一个花瓣到舞台上，选择"工具箱"中的"变形工具"，单击花瓣元件，图形会有一个变形中心点（空心的小圆圈）。

⑤ 将变形中心点拖曳到花瓣下方，如图4-53所示。

⑥ 在"窗口"菜单选择"变形"选项，打开"变形"面板。

⑦ 在"变形"面板中设置旋转角度为45，再连续单击8次"重制选区和变形"按钮，复制出8朵花瓣，如图4-53所示。

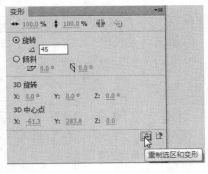
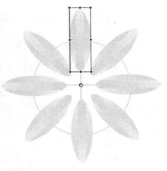

图4-53 重制选区和变形

⑧ 选中所有花瓣，按Ctrl+G组合键为其建立一个组，形成一个花环。

⑨ 应用"变形工具"，将花环缩小到合适大小。

⑩ 再按Ctrl+D组合键原位复制出一份花瓣。然后单击"工具箱"中的"任意变形工

第4章 图形元件

具",并对其进行适当的调整,形成立体图形,如图 4-54 所示。

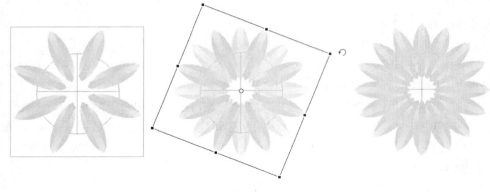

图 4-54　复制花瓣

（3）组合完整的菊花花朵图形保存到库。

① 新建一个图层,重命名"花蕊"。

② 选择"工具箱"中的"椭圆工具",在舞台中绘制出一个填充色为"♯FFFF00",没有轮廓线的正圆,如图 4-55 所示。

③ 增加一个图层,重命名"花粉",如图 4-56 所示。

图 4-55　绘制花蕊

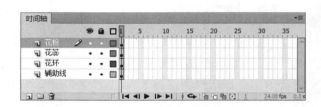

图 4-56　时间轴与图层

④ 选择"工具箱"中的"刷子工具",将填充色设置为"♯996600",调整刷子形状及大小如图 4-57 所示。

⑤ 使用刷子工具在花蕊部分单击多次,添加深色花粉颗粒。

⑥ 改变刷子工具填充颜色为浅黄色"♯FFFFCC",继续在花蕊部分增加浅色花粉颗粒,如图 4-58 所示。

3. 绘制和保存花茎图形元件

（1）绘制菊花的茎干。

① 执行"插入"|"新建元件"菜单命令,新建一个图形类型元件"花茎"。

② 新建一个图层,重命名"茎干"。

③ 选择"工具箱"中的"刷子工具",设置刷子工具的填充色为"♯006600",刷子的形状及尺寸如图 4-59 所示。

④ 绘制完成的花茎图形,如图 4-60 所示。

图 4-57　设置刷子工具属性

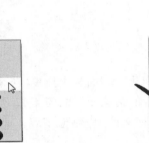

图 4-58　使用刷子工具添加花粉颗粒　　　　图 4-59　刷子工具属性设置 　　　图 4-60　绘制向日葵的花茎

（2）绘制叶片图形。

① 新建一个图层，重命名"叶片"。

② 选择"工具箱"中"形状工具"下的"椭圆工具"，设置边线笔触为 1.00，颜色为深绿色"♯006600"（与花茎颜色相同），填充颜色为相同的深绿色。

③ 在场景上画一个椭圆，选择"工具箱"中的"部分选取"工具，单击椭圆的边缘，会出现锚点。

④ 拖曳右侧锚点到合适的位置。

⑤ 拖曳左侧锚点到合适的位置，得到叶片的图形，如图 4-61 所示。

图 4-61　叶片的图形

（3）绘制叶片上的叶脉。

① 选择"工具箱"中的"铅笔工具"，在"属性"面板中设置笔触为 2.00，铅笔的边线颜色为浅绿色"♯00CC00"。

② 在刚才绘制的叶片图形上绘制多条叶脉线条。

③ 绘制完成的叶子图片，如图 4-62 所示。

④ 将绘制的叶子图形转换为元件保存到库，名称为叶片。

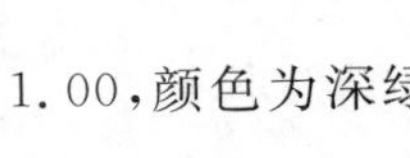

图 4-62　绘制叶片上的叶脉

（4）组合花茎图形。

① 在库中拖曳出多个叶子元件和花茎，应用"变形工具"分别对叶子进行缩放和旋转，并拖曳到花茎图形上合适的位置。

② 绘制完成后的花茎图形，如图 4-63 所示。

③ 将花茎图形全选（叶子和花茎），转换为元件保存到库，名称为花茎。

第4章　图形元件

4. 组合菊花元件

（1）将绘制完成的所有菊花元件组合在一起。

① 新建、重命名图层，如图 4-64 所示。

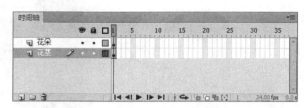

图 4-63　绘制花茎图形　　　　　　　　　图 4-64　编辑图层

② 分别从"库"面板中拖曳"花朵"和"花茎"两个图形元件到舞台，调整位置及尺寸。

③ 组合的菊花图形如图 4-47 所示。

（2）保存文件为"菊花.fla"。

4.3.7　制作蜻蜓元件

任务：本节的任务是完成蜻蜓基本图形的绘制。蜻蜓完成后的图形如图 4-65 所示。将蜻蜓的图形分解，需要为蜻蜓准备的元件（部分）有 8 个，分解的 8 个图形如图 4-66 所示。

图 4-65　蜻蜓完整图形　　　　　　　　图 4-66　蜻蜓分解图形

1. 绘制和保存蜻蜓翅膀

（1）启动 Flash CS6，新建一个 ActionScript 3.0 文档。

（2）执行"文件"|"保存"菜单命令，打开"另存为"对话框，将文档存储为"蜻蜓.fla"。

（3）对舞台进行相应的设置。

① 将舞台比例放大到 200%。

② 单击舞台，在"属性"面板中设置舞台"尺寸"为 800 像素（宽度）×600 像素（高度），如图 4-67 所示。

（4）执行"插入"|"新建元件"菜单命令，创建一个名称为"蜻蜓"的影片剪辑元件，如图 4-68 所示。

（5）绘制一个水平渐变的矩形图形。

① 选择工具箱中"形状工具"下的"矩形工具"。

② 设置边线颜色为空，填充颜色为水平渐变，如图 4-69 所示。

图 4-67　舞台背景设置

图 4-68 创建"蜻蜓"影片剪辑元件

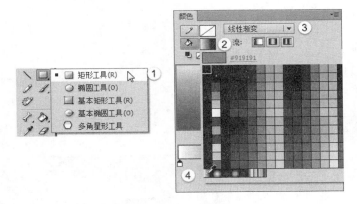

图 4-69 设置矩形渐变颜色

③ 在"属性"面板中设置矩形 4 个边角的弧度为 15。

④ 然后绘制一个水平放置的矩形。

⑤ 单击矩形,在"属性"面板中设置矩形图形的宽为 110,高为 25,如图 4-70 所示。

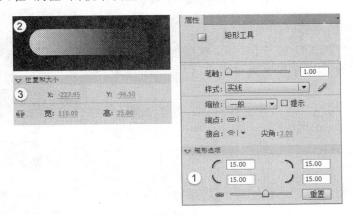

图 4-70 绘制线性渐变矩形图形

(6) 制作蜻蜓左侧的大翅膀图形。

① 选择绘制好的矩形,打开颜色面板。

② 渐变颜色调色板左侧颜料桶设置为浅橙色"♯FFBB0E",透明度值为"80%",右侧颜料桶设置为橙色"♯FF6419",完成后的效果如图 4-71 所示。

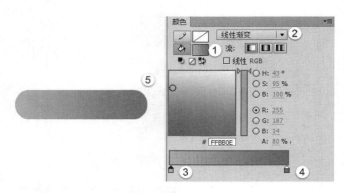

图 4-71　调整大翅膀颜色

③ 单击图形后,选择工具箱中的"变形工具"。

④ 设置变形状态为扭曲。

⑤ 拖曳右侧变形顶角到合适的形状。

⑥ 左侧也做适度的变化,如图 4-72 所示。

⑦ 拖曳完成形状。

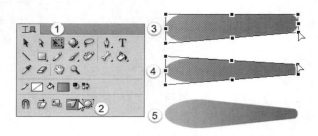

图 4-72　调整大翅膀图形

（7）制作左侧的小翅膀。

① 将制作完成的大翅膀复制一份,在变形工具的扭曲状态下,拖曳复制的图形 4 个边角到合适的形状,使图形缩小一些。

② 选择打开"颜色"面板,渐变颜色调色板左侧颜料桶设置为浅黄色"♯FFFAAD",透明度值为"80％",右侧颜料桶设置为黄色"♯FFFF00",完成后的效果如图 4-73 所示。

③ 将大小翅膀分别变为组合图形(快捷键 Ctrl＋G)调整完成后的图形。

④ 存储为"左翅"图形元件。

（8）分别复制左侧的大翅膀以及小翅膀图形各一份,

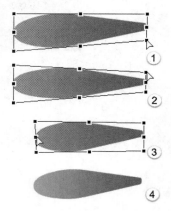

图 4-73　制作小翅膀图形

将复制的这两个图形分别进行水平翻转,调整左右 4 个翅膀图形到合适的位置,如图 4-74 所示。

（9）将绘制的 4 个翅膀图形转换为元件保存到库,如图 4-75 所示。

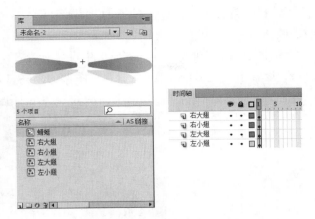

图 4-74　完成的翅膀图形　　　　图 4-75　将翅膀图形转换为元件

① 依次选择 4 个图形,转换为图形元件保存到库中,左侧大翅膀名称为"左大翅",左侧小翅膀名称为"左小翅",右侧大翅膀名称为"右大翅",右侧小翅膀名称为"右小翅"。

② 在"时间轴"面板中为 4 个翅膀图形元件分别建立图层,并从"库"面板中拖曳对应图形元件,调整至合适位置。

2. 绘制和保存蜻蜓身体

(1) 新建一个图层,重命名为"身体",绘制蜻蜓身体部位,如图 4-76 所示。

① 选择工具箱中"形状工具"下的"矩形工具",设置边线颜色为空,填充颜色为黑色,矩形的弧度为 15,在舞台上画一个矩形。

② 选择矩形,在"属性"面板中设置矩形的宽为 8,高为 55。

③ 选择工具箱中的"刷子工具",设置填充颜色为黑色,设置刷子工具形状为点状,大小可以稍微大些,然后在刚才绘制的矩形下部左右两侧各绘制两个凸起。

(2) 将绘制的蜻蜓身体图形转换为元件保存到库。

选择绘制的蜻蜓身体全部图形,将图形转换为图形元件保存到库,名称为"身体"。

3. 绘制和保存蜻蜓眼睛

(1) 在舞台上绘制一个渐变的小正圆图形,如图 4-77 所示。

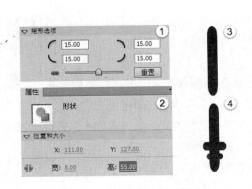

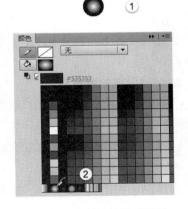

图 4-76　绘制蜻蜓身体部分　　　　图 4-77　绘制蜻蜓眼睛图形

① 选择工具箱中"形状工具"下的"椭圆工具",设置边线颜色为空,填充颜色为径向渐变,按住 Shift 键,在场景中画一个小正圆。

② 选择绘制的小圆,在"属性"面板中设置宽为 20,高为 20。

(2) 设置小圆图形的渐变颜色,调整图形的高亮点,如图 4-78 所示。

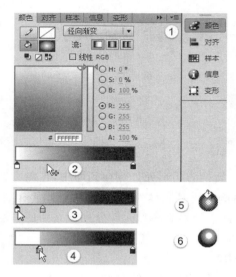

图 4-78 设置渐变颜色

① 单击"颜色"面板,打开"颜色"面板。

② 鼠标移动到渐变的调色板上,令光标形状变成 。

③ 单击鼠标左键,可添加一个渐变点。

④ 将最左侧的白色渐变点拖曳到新加的渐变点位置。

⑤ 使得渐变点左侧全部为白色。

⑥ 选择工具箱中的"颜料桶工具",单击舞台中的正圆图形,调整高亮点到合适的位置。

⑦ 组合图形(快捷键 Ctrl+G),调整得到的图形。

(3) 绘制蜻蜓左右眼睛的图形,并转换为图形元件保存到库。

① 复制一份刚才绘制的图形并水平翻转,得到两个眼睛的图形。将两个图形分别转换为元件保存到库,名称为"左眼"和"右眼"。

② 新建两个图层,重命名为"左眼""右眼",用于存放上述两个图形元件的实例,如图 4-79 所示。

4. 绘制和保存蜻蜓尾部

(1) 新建一个图层,重命名为"尾部",在舞台绘制蜻蜓尾部图形,如图 4-80 所示。

(2) 将绘制的蜻蜓尾部图形转换为元件保存到库,名称为"尾部"。

① 选择工具箱中"形状工具"的"椭圆工具",设置边线颜色为空,填充颜色为黑色,在场景中画一个细长的椭圆。

② 选择绘制的图形,在"属性"面板中设置宽为 6,高为 120。

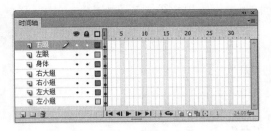

图 4-79　将蜻蜓眼睛图形转换为图形元件　　　　图 4-80　绘制蜻蜓尾部图形

（3）保存文件。

将绘制完成的所有蜻蜓元件组合在一起，如图 4-81 所示，执行"文件"|"保存"菜单命令。

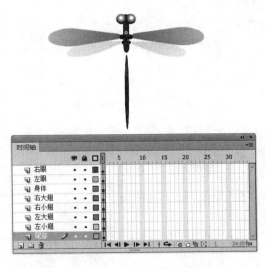

图 4-81　蜻蜓元件组合

4.3.8　制作蝴蝶元件

任务：本节的任务是完成蝴蝶基本图形的绘制。蝴蝶完成后的图形如图 4-82 所示。将蝴蝶的图形分解，需要为蝴蝶准备的元件（部分）有三个，分解的三个图形如图 4-83 所示。

图 4-82　蝴蝶完整图形　　　　　　　图 4-83　蝴蝶分解图形

1. 绘制和保存蝴蝶翅膀

(1) 启动 Flash CS6,新建一个 ActionScript 3.0 文档。

(2) 执行"文件"|"保存"菜单命令,打开"另存为"对话框,将文档存储为"蝴蝶.fla"。

(3) 单击舞台,在"属性"面板中设置舞台"尺寸"为 800 像素(宽度)×600 像素(高度)。

(4) 绘制翅膀的轮廓,如图 4-84 所示。

① 新建图形元件,命名为"左翅"。

② 选择工具箱中"形状工具"下的"线条工具"。

③ 在舞台上绘制 6 条直线。

④ 调整线条的弧度及位置。

⑤ 选择工具箱中"形状工具"下的"铅笔工具"。

⑥ 设置"铅笔模式"为"平滑",在翅膀轮廓上添加花斑。

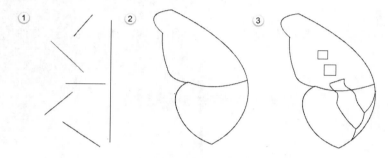

图 4-84　绘制蝴蝶轮廓

(5) 制作蜻蜓左侧的大翅膀图形,完成后的效果如图 4-85 所示。

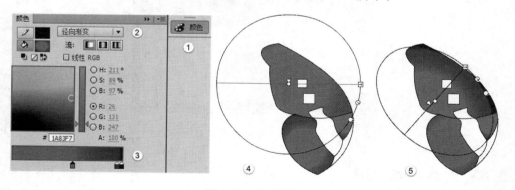

图 4-85　填充颜色

① 选择绘制好的图形,打开"颜色"面板。

② 设置"填充模式"为"径向渐变",从左至右,色标为"♯1A83F7""♯1A12F3"和"♯073765"。

③ 打开"渐变变形工具",调整填充颜色的填充半径和圆心位置。

④ 翅膀下方剩下的白色部分填充,再画些白色图形作为装饰斑点,如图 4-86 所示。

(6) 画装饰线条,如图 4-87 所示。

① 选择工具箱中"形状工具"下的"线条工具"。

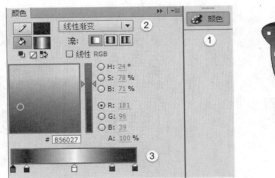
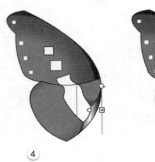
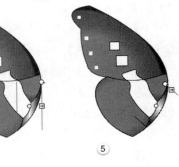

图 4-86　斑点装饰

② 选择绘制好的图形,打开"颜色"面板。

③ 设置"填充模式"为"线性渐变",从左至右,色标为"#36ADFC"和"#0034A7",添加翅膀上部分的线条,并使用"选择工具"调整弧度。

④ 设置"填充模式"为"纯色",色标"#007CD5",透明度"60%",添加翅膀下部分的线条,并使用"选择工具"调整弧度。

(7) 删除外框线,如图 4-88 所示。

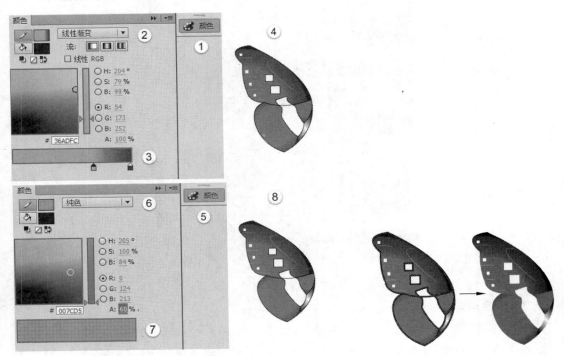

图 4-87　添加线条　　　　　　　　图 4-88　删除线条

① 按住 Shift 键,用鼠标逐条单击线条,按 Delete 键删除线条。

② 保存文档。

2. 绘制和保存蝴蝶身体

（1）新建图形元件，命名为"身体"。

（2）绘制身体部分，如图 4-89 所示。

① 用椭圆和线条工具画轮廓。

② 使用"选择工具"调整线条弧度。

③ 删除多余的线条。

（3）填充颜色，如图 4-90 所示。

① 打开"颜色"面板。

② 设置"填充模式"为"径向渐变"，从左至右，色标为"♯1D3331"和"♯000200"，填充身体上部。

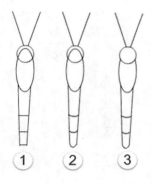

图 4-89　绘制蝴蝶身体

③ 设置"填充模式"为"径向渐变"，色标为"♯013E65"和"♯010301"，填充身体下部。

④ 保存文档。

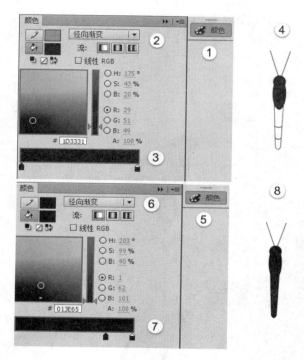

图 4-90　填充颜色

3. 组合蝴蝶元件

（1）执行"插入"|"新建元件"菜单命令，创建一个名称为"蝴蝶"的影片剪辑元件。

（2）在"时间轴"面板中新增两个图层，从上到下依次改名为"右翅""左翅"和"身体"，如图 4-91 所示。

（3）从库中拖曳"身体"和"左翅"图形元件至同名图层中，把"左翅"实例复制粘贴到"右翅"图层，水平翻转，存储为"右翅"图形元件，如图 4-92 所示，调整位置，组装成蝴蝶。

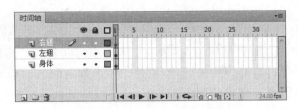

图 4-91　重命名图层

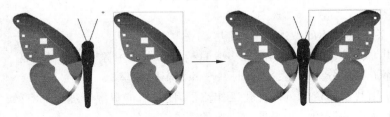

图 4-92　水平翻转

思考与练习

1. 单选题

(1) Flash 文档中的库存储了在 Flash 中创建的(　　　),以及导入的文件。

　　A. 图形　　　　　　　B. 按钮　　　　　　　C. 电影剪辑　　　　　D. 元件

(2) 在 Flash 中元件共有几种类型?(　　　)

　　A. 2 种　　　　　　　B. 3 种　　　　　　　C. 5 种　　　　　　　D. 6 种

(3) 下列哪种 Flash 元素不能添加动作脚本?(　　　)

　　A. 图形元件　　　　　B. 关键帧　　　　　　C. 影片剪辑元件　　　D. 按钮

(4) 下列关于元件和元件库的叙述,不正确的是(　　　)。

　　A. Flash 中的元件有三种类型

　　B. 元件从元件库拖到工作区就成了实例,实例可以进行复制、缩放等各种操作

　　C. 对实例的操作,元件库中的元件会同步变更

　　D. 对元件的修改,舞台上的实例会同步变更

(5) 要复制对象并移动副本,可以按住(　　　)键。

　　A. Ctrl　　　　　　　B. Alt　　　　　　　　C. Shift　　　　　　　D. Space

(6) 下列有关 Flash 中"元件"和"实例"对应关系的描述正确的是(　　　)。

　　A. 一个实例可以对应多个元件

　　B. 一个元件可以对应多个实例

　　C. 元件、实例之间只能一一对应

　　D. 元件和实例之间没有对应关系

(7) 元件与导入到动画中的图片文件,一般存储在(　　　)面板上。

　　A. 属性　　　　　　　B. 滤镜　　　　　　　C. 库　　　　　　　　D. 动作

2. 多选题

(1) 以下各种关于图形元件的叙述，正确的是( )。

    A. 可用来创建可重复使用的，并依赖于主电影时间轴的动画片段

    B. 可用来创建可重复使用的，但不依赖于主电影时间轴的动画片段

    C. 不可以在图形元件中使用声音

    D. 可以在图形元件中使用交互式控件

(2) 在新建一个元件时，可以选择的元件类型有( )。

    A. 图形   B. 按钮   C. 事件   D. 影片剪辑

(3) 以下关于共享库的叙述，正确的是( )。

    A. 共享的库资源允许用户在多个目标电影中使用源电影中的资源

    B. 库资源可分为两类：运行时共享和编辑时共享

    C. 使用共享库资源可以优化工作流程，使电影的资源管理更加有效

    D. 共享库的资源添加方式与普通的库是一样的

3. 判断题

(1) Flash 中，不可以在当前文档中使用其他文档的元件。   ( )

(2) 改变元件，则相应的实例一定会改变。   ( )

第5章 基本动画制作

Flash 可以制作出各种炫目的动画效果,简单的基础动画主要有逐帧动画、形状补间动画和补间动画等类型。虽然这些动画制作起来相对比较简单,但是也不可轻视。在一些网站上的大型 Flash 动画都是由它们演变而来的,有了这些知识的学习,再加上独特的创意思路,就可以轻而易举地创作出不同凡响的 Flash 作品。

5.1 逐帧动画

逐帧动画是动画中最基本的类型,它是一个由若干个连续关键帧组成的动画序列,与传统的动画制作方法类似,其制作原理是在连续的关键帧中分解动画,即每一帧中的内容不同,使其连续播放而形成动画。逐帧动画的设计原理如图 5-1 所示。

图 5-1 逐帧动画设计原理图

在制作逐帧动画的过程中,需要动手制作每一个关键帧中的内容,因此工作量极大,并且要求用户有比较强的逻辑思维和一定的绘图功底。虽然如此,逐帧动画的优势还是十分明显的,其具有非常大的灵活性,适合表现一些复杂、细腻的动画,如 3D 效果、面部表情、走路、转身等,缺点是动画文件较大,交互性差。

5.1.1 创建逐帧动画

1. 逐帧动画的特点

逐帧动画是一种常见的、最简单的动画形式,它通过在连续的关键帧中放置不同的对象(如一个分解的动作)来实现。逐帧动画适合于制作那些每一帧中图像都有所改变的动画,而不适合于在舞台上做移动、旋转、淡入淡出等动画。

逐帧动画的制作原理非常简单,只需在相邻的关键帧里绘制或放置不同的对象即可。其难点在各相邻关键帧中的动作设计及对节奏的掌握上。

逐帧动画的每一帧内容都不一样,所以其制作过程非常烦琐,最终输出的文件也很大。但它的优势在于灵活性大,很适合于制作表现细腻的动画,如人物表情、走路姿势等。

2. 创建逐帧动画的方法

创建逐帧动画的方法有以下 4 种。

1）导入静态图片序列建立逐帧动画

将其他应用程序中创建的动画文件或者图形图像序列导入到 Flash 中，就会建立一段逐帧动画。

2）绘制矢量逐帧动画

用鼠标或压感笔在场景中一帧帧地画出帧内容。

3）导入 GIF 序列图像创建逐帧动画

可以导入 GIF 序列图像，这些序列图像导入到 Flash 中后，会自动分配到每一个关键帧中。

4）导入动画建立逐帧动画

直接导入已经制作完成的.swf 格式动画，或者利用第三方软件（如 Swish、Swift 3D 等）产生的动画序列。

5.1.2 制作野鸭逐帧动画

任务：通过导入静态图片序列方式创建逐帧动画，并通过"时间轴"面板中的各个绘图纸工具对多个关键帧中的对象进行位置的重新调整。

1. 新建文档

（1）启动 Flash CS6，新建一个 ActionScript 3.0 文档。在工作区中单击鼠标右键，选择弹出菜单中的"文档属性"命令，在弹出的"文档属性"对话框中设置"尺寸"为 800 像素（宽度）×600 像素（高度），单击"确定"按钮，完成对文档属性的各项设置。

（2）执行"文件"|"保存"菜单命令，打开"另存为"对话框，将文档存储为"野鸭.fla"。

2. 导入图片序列

（1）执行"文件"|"导入"|"导入到舞台"菜单命令，在弹出的"导入"对话框中选择"野鸭 01.gif"文件，单击"打开"按钮，如图 5-2 所示。

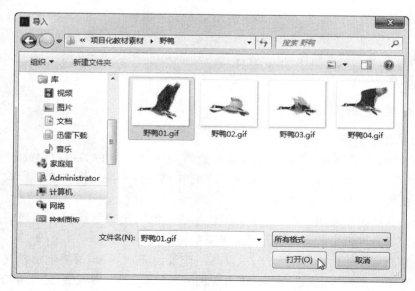

图 5-2 "导入"对话框

（2）由于导入的"野鸭01.gif"是一个图像序列中的一部分，Flash会询问用户是否将该序列中的所有图像全部导入，如图5-3所示。

图 5-3　信息提示框

（3）单击"是"按钮，将序列中所有图像全部导入，导入的图像以逐帧动画的方式排列，每幅图像在舞台中的位置相同，并且每一个图像自动生成一个关键帧，依次排列，同时存放在"库"面板中，如图5-4所示。

3. 使用绘图纸工具调整位置

导入后的图像位于舞台中央，接下来可以通过各个绘图纸工具对导入图像进行位置的重新调整。

（1）单击"时间轴"面板下方的"修改绘图纸标记"按钮，在弹出的下拉列表中选择"始终显示标记"选项，如图5-5所示。

图 5-4　"库"面板

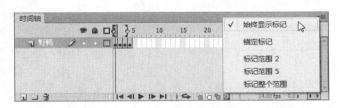

图 5-5　选择"始终显示标记"选项显示的标记

（2）单击"时间轴"面板下方的"修改绘图纸标记"按钮，在弹出的下拉列表中选择"标记整个范围"选项，从而将当前帧两侧的帧全部显示，如图5-6所示。

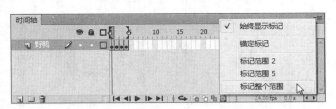

图 5-6　选择"标记整个范围"选项显示的标记

（3）单击"时间轴"面板中"编辑多个帧"按钮，则此时的舞台可以显示出"时间轴"面板中所有关键帧的内容。

（4）单击"野鸭"图层，从而将所有帧的对象全部选择，然后使用"选择工具"，将选择后的所有帧的对象移动到舞台野鸭的位置上，并调整大小，如图5-7所示。

4. 创建逐帧动画

（1）在"时间轴"面板上分别选择"野鸭"图层的第 1～4 帧，然后依次按 F5 键 4 次，在该帧后插入 4 个普通帧，从而降低野鸭飞动速度，"时间轴"面板状态如图 5-8 所示。

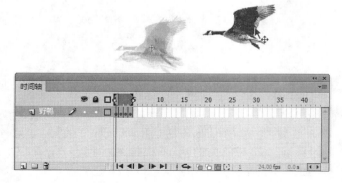

图 5-7 "时间轴"面板状态

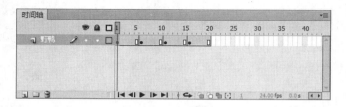

图 5-8 增加普通帧

（2）执行"控制"|"测试影片"菜单命令，或者按下 Ctrl＋Enter 组合键测试影片。

（3）修改背景。

该逐帧动画是由一组 GIF 图片组成，默认的白色图片背景在后续动画制作中会影响播放效果，去除图片背景颜色步骤如下。

① 将舞台背景颜色改为深灰色，如图 5-9 所示。

② 鼠标左键单击第一个关键帧。

③ 执行"修改"|"分离"菜单命令，将图片离散化，此时图片呈现点状，如图 5-9 所示。

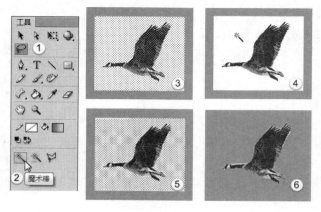

图 5-9 修改图片背景颜色

④ 鼠标左键单击舞台空白处,退出离散化图片的选择状态。

⑤ 选择"工具箱"中"套索工具",在选项中单击"魔术棒"按钮,如图 5-9 所示。

⑥ 单击图片中背景部分,与单击处颜色相同且连通的所有像素点均被选中,如图 5-9 所示。

⑦ 按下 Delete 键即可删除所选中的背景颜色部分,若存在多种颜色,此操作可执行多次,直至彻底删除背景颜色(也可以使用"工具箱"中"橡皮擦工具"进行擦除操作),如图 5-9 所示。

⑧ 分别对第 2、3、4 关键帧执行上述操作,完成所有图片背景颜色的去除操作。

5.1.3 制作羽毛字逐帧动画

任务:在 Flash 中制作每一个关键帧的内容,从而创建逐帧动画。本节的任务是完成手拿羽毛写字逐帧动画的具体操作。

1. 打开文档

从素材包中打开文档"羽毛写字.fla"。

2. 制作写字动画

(1) 新建一个图层,重命名为"文字"。

(2) 在该图层第一帧处插入关键帧(可以从右键菜单中选取),并保持该帧选择状态。

(3) 选择工具箱中的"文本工具"。

(4) 打开"属性"面板,在"字符"选区中设置字体为"华文行楷","大小"为"64 点",颜色为"♯0033CC",在舞台上输入"校园的早晨",如图 5-10 所示。

图 5-10 输入静态文本

(5) 执行两次"修改"|"分离"菜单命令,第一次将块状文本分离为 5 个小块,第二次将文本离散化,如图 5-11 所示。

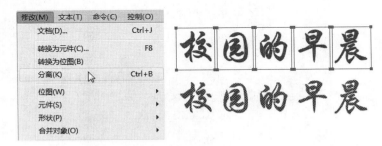

图 5-11 分离文本

(6) 按 F6 键插入一个关键帧。

(7) 选择工具箱中"橡皮擦工具",将文字按照笔画相反的顺序,倒退着将文字擦除,每次擦去多少决定写字的快慢,每擦一次按 F6 键一次(即插入一个关键帧),最后一帧注意要保留一点儿笔画内容,如图 5-12 所示。

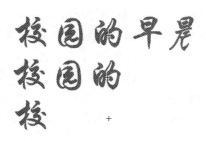

图 5-12   擦除文字内容

（8）鼠标左键单击"图层 1"，将第一帧至最后一帧全部选择，单击鼠标右键，在弹出的快捷菜单中选择"翻转帧"选项，将其顺序全部颠倒，如图 5-13 所示。

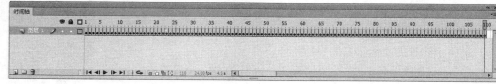

图 5-13   翻转帧

3．制作羽毛动画

（1）在"文字"图层上方新建图层，命名为"羽毛"。

（2）从"库"面板中拖曳"羽毛"图形元件到舞台，使用任意变形工具将其调整到合适的大小和起笔的位置，如图 5-14 所示。

图 5-14   开始制作羽毛动画

（3）按 F6 键插入关键帧，并移动羽毛，使羽毛始终随着笔画，直至最后一帧，如图 5-15 所示。

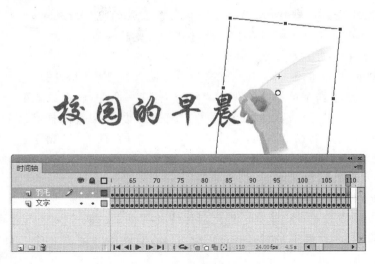

图 5-15　完成制作羽毛动画

5.2　传统补间动画

　　传统补间动画是 Flash 中较为常见的基础动画类型,使用它可以制作出对象的位移、变形、旋转、透明度、滤镜以及色彩变化等一系列的动画效果。

　　与前面介绍的逐帧动画不同,使用传统补间创建动画时,只要将两个关键帧中的对象制作出来即可,两个关键帧之间的过渡帧由 Flash 自动创建。

5.2.1　创建传统补间动画

1. 创建方法

　　传统补间动画的创建方法有两种:通过右键菜单和使用菜单命令。两者相比,前者更为方便快捷,比较常用。

　　1) 通过右键菜单创建传统补间动画

　　首先在"时间轴"面板的第一帧导入或绘制一个对象(本例为圆球),选中该对象,按 F8 键将其转换为元件实例,接着根据需要设置动画的长度,在第 30 帧插入关键帧,改变对象的属性(如大小、位置等),然后选择两个关键帧之间的任意一帧,单击鼠标右键,在弹出的快捷菜单中选择"创建传统补间"命令,创建的传统补间动画以带有黑色箭头和蓝色背景的起始关键帧处的黑色圆点表示,如图 5-16 所示。

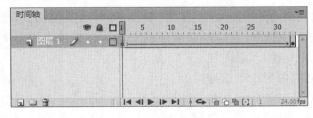

图 5-16　传统补间动画

提示：如果创建后的传统补间动画以一条蓝色背景的虚线段表示，说明传统补间动画没有创建成功，两个关键帧中的对象可能没有满足创建动画的条件。

2）使用菜单命令创建传统补间动画

在使用菜单命令创建传统补间动画的过程中，同样需要将同一图层两个关键帧之间的任意一帧选中，然后单击菜单栏中的"插入"|"传统补间"命令，就可以在两个关键帧之间创建传统补间动画；如果想取消已经创建好的传统补间动画，可以选择已经创建好的传统补间动画两个关键帧之间的任意一帧，然后单击菜单栏中的"插入"|"删除补间"命令，就可以将已经创建的传统补间动画删除。

2. 传统补间动画属性设置

无论使用何种方法创建传统补间动画，都可以通过"属性"面板进行动画的各项设置，从而使其更符合动画需要。首先选择已经创建传统补间动画的两个关键帧之间的任意一帧，然后展开"属性"面板，在其下的"补间"选项中可以设置动画的运动速度、旋转方向与旋转次数等，如图 5-17 所示。

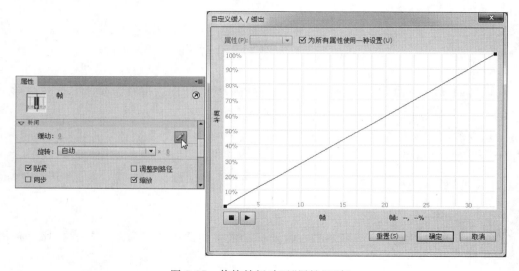

图 5-17　传统补间动画"属性"面板

（1）缓动：默认情况下，过渡帧之间的变化速率是不变的，在此可以通过"缓动"选项逐渐调整变化速率，从而创建更为自然的由慢到快的加速或者由快到慢的减速效果，默认数值为 0，取值范围为 -100~100，负值为加速动画，正值为减速动画。

（2）缓动编辑：单击"缓动"选项右侧的按钮，在弹出的"自定义缓入/缓出"对话框中可以设置过渡帧更为复杂的速度变化，如图 5-17 所示。

（3）旋转：用于设置对象旋转的动画，单击右侧的"自动"按钮，可弹出下拉列表，当选择"顺时针"和"逆时针"选项时，可以创建顺时针与逆时针旋转的动画。在下拉列表右侧还有一个参数设置，用于设置对象旋转的次数。

（4）贴紧：勾选该复选框，可以使对象紧贴到引导线上。

（5）同步：勾选该复选框，可以使图形元件实例的动画和主时间轴同步。

（6）调整到路径：制作运动引导线动画时，勾选该复选框，可以使动画对象沿着运动路径运动。

（7）缩放：勾选该复选框，用于改变对象的大小。

5.2.2 制作阳光光晕传统补间动画

任务：本节的任务是完成阳光光晕缓慢旋转的传统补间动画的具体操作。阳光光晕由太阳、光芒和光斑群组成，完成后效果如图5-18所示。

1. 绘制和保存太阳图形

（1）启动 Flash CS6，新建一个 ActionScript 3.0 文档，然后执行"修改"|"文档"菜单命令，打开"文档设置"对话框，设置"尺寸"为 800 像素（宽度）×600 像素（高度）。

（2）执行"文件"|"保存"菜单命令，在弹出的"另存为"对话框中将文档保存为"阳光光晕.fla"。

（3）绘制太阳图形，如图5-19所示。

① 选择"工具箱"中的"椭圆工具"。

② 打开"颜色"面板。

图 5-18 阳光光晕效果

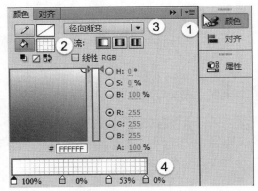

图 5-19 绘制太阳图形

③ 设置直线条颜色为无，填充色为"径向渐变"，从左到右4个色标均为白色，透明度分别为"100％""0％""53％"和"0％"。

④ 按住 Shift 键，在舞台上拖曳，画出一个正圆，在"属性"面板中设置"宽"和"高"均为"200"（像素）。

⑤ 打开"对齐"面板，设置圆形图形相对于舞台"水平中齐"，"垂直居中分布"，调整圆形的圆心位置在舞台中央，如图5-20所示。

2. 绘制和保存光芒

（1）绘制太阳光线，如图5-21所示。

① 新建图形元件，命名为"光线"。

② 选择"工具箱"中的"线条工具"或"铅笔工具"。

③ 在"属性"面板中设置笔触颜色为黑色。

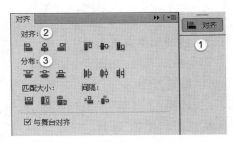

图 5-20 设置圆形图形对齐方式

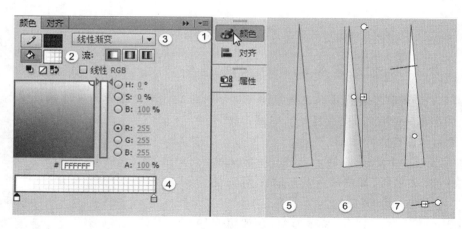

图 5-21　绘制太阳光线

④ 在舞台上绘制光芒图形。

⑤ 打开"颜色"面板,填充色为"线性渐变",从左到右两个色标均为白色,透明度分别为"30%"和"0%"。

⑥ 选择"工具箱"中的"渐变变形工具",调整填充区域,如图 5-22 所示。

⑦ 删除线条。

(2)绘制太阳光芒。

① 新建影片剪辑元件,命名为"光芒"。

② 从"库"面板中拖入"光线"图形元件,并多复制几份,调整位置,如图 5-23 所示。

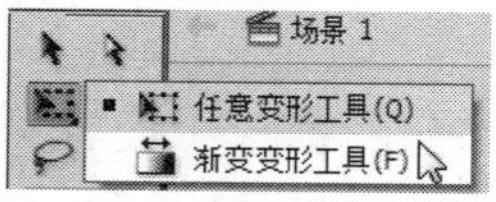

图 5-22　渐变变形工具

图 5-23　太阳光芒

3. 绘制和保存光斑

(1)绘制光斑,如图 5-24 所示。

① 新建图形元件,命名为"光斑"。

② 选择"工具箱"中的"椭圆工具"。

③ 打开"颜色"面板。

④ 设置线条颜色为无,填充色为"径向渐变",从左到右两个色标均为白色,透明度分别为"30%"和"0%"。

⑤ 在舞台上绘制光斑图形。

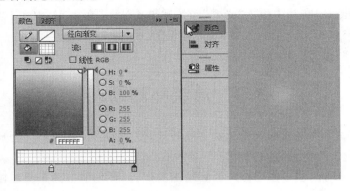

图 5-24　绘制光斑

（2）绘制光斑群。

① 新建影片剪辑元件，命名为"光斑群"。

② 从"库"面板中拖入"光斑"图形元件，并多复制几份，调整位置和大小，如图 5-25 所示。

4. 组合阳光光晕

（1）组合光晕，如图 5-26 所示。

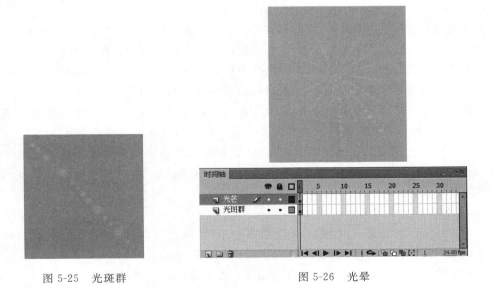

图 5-25　光斑群　　　　　　　图 5-26　光晕

① 新建影片剪辑元件，命名为"光晕"。

② 在"图层 1"第一帧中拖入"光芒"影片剪辑元件。

③ 新增"图层 2"，在第一帧中拖入"光斑群"影片剪辑元件。

④ 执行"插入"|"新建元件"菜单命令，新建一个图形类型元件，命名为"太阳"。

（2）组合阳光光晕。

① 单击时间轴左上方"场景 1"按钮，返回主场景。

② 在"图层1"第一帧中拖入"太阳"图形元件,并在600帧处插入关键帧。

③ 新增"图层2",在其中拖入"光晕"影片剪辑元件,并在第75、100、130、200、270、300、360、400、460、500帧处分别插入关键帧,并调整"光晕"旋转角度。

④ 在"图层2"第600帧处插入关键帧,保存文档。

5.3 形状补间动画

形状补间动画用于创建形状变化的动画效果,使一个形状变成另一个形状,同时也可以设置图形形状位置、大小、颜色的变化。

形状补间动画的创建方法与传统补间动画类似,只要创建出两个关键帧中的对象,其他过渡帧便可以通过Flash自动创建,与传统补间动画所不同的是,形状补间的两个关键帧中的对象必须是可编辑的图形,如果是其他类型的对象,如文字或位图,则必须将其分离为可编辑的图形。

5.3.1 创建形状补间动画

1. 创建方法

创建形状补间动画有两种方法:通过右键快捷菜单和使用菜单命令。两者相比,前者更方便快捷,比较常用。

1)通过右键快捷菜单创建形状补间动画

首先在"时间轴"面板的第一帧导入或绘制一个对象(如圆形),接着根据需要在第20帧插入空白关键帧,在空白的舞台上导入或绘制另一个对象(如五角星形),然后选择两个关键帧之间的任意一帧,单击鼠标右键,在弹出的快捷菜单中选择"创建补间形状"命令,创建的形状补间动画以带有黑色箭头和淡绿色背景的起始关键帧处的黑色圆点表示。

提示:如果创建后的形状补间动画以一条绿色背景的虚线段表示,说明形状补间动画没有创建成功,两个关键帧中的对象可能没有满足创建形状补间动画的条件。

如果要删除创建的形状补间动画,选择已经创建形状补间动画两个关键帧之间的任意一帧,单击鼠标右键,在弹出的快捷菜单中选择"删除补间"命令,就可以将已经创建的形状补间动画删除。

2)使用菜单命令创建形状补间动画

选择补间范围的任意一帧,然后单击菜单栏中的"插入"|"补间形状"命令,就可以在两个关键帧之间创建补间形状动画。

如果要取消已经创建好的形状补间动画,可以选择已经创建的形状补间动画两个关键帧之间的任意一帧,然后单击菜单栏中的"插入"|"删除补间"命令,就可将已经创建的形状补间动画删除。

2. 形状补间动画属性设置

形状补间动画的属性同样通过"属性"面板的"补间"选项进行设置,首先选择已经创建形状补间动画两个关键帧之间的任意一帧,然后展开"属性"面板,在其下的"补间"选项中就可以设置动画的运动速度、混合等。其中,"缓动"参数设置可参照传统补间动画。

混合共有两种选项:"分布式"和"角形"。"分布式"选项创建的动画中间形状更为平滑和不规则；"角形"选项创建的动画中间形状会保留有明显的角和直线。

在制作形状补间动画时，如果要控制复杂的形状变化，那么就会出现变化过程杂乱无章的情况，这时可以使用 Flash 提供的形状提示，通过它可以为动画中的图形添加形状提示点，通过这些形状提示点可以指定图形如何变化，从而控制更加复杂的形状变化。

5.3.2 制作云彩形状补间动画

任务：用形状补间动画制作云彩变形的动画，一朵云彩从一小朵慢慢变成另一个形状，最后又慢慢变小消失。

1. 第 1 关键帧制作

（1）绘制云彩图形。

① 在主场景新建一个图层，命名为"云彩变形"。

② 选择"云彩变形"层的第 40 帧，按 F6 键插入一个空白关键帧。

③ 选择"工具箱"中的"椭圆工具"。

④ 打开"颜色"面板，设置边框为无色，填充色为白色。

⑤ 在这一帧画出白色椭圆。

（2）调整图形。

① 用选择工具将椭圆选中，执行"修改"|"变形"|"封套"菜单命令，椭圆四周会出现变形控制柄，如图 5-27 所示。

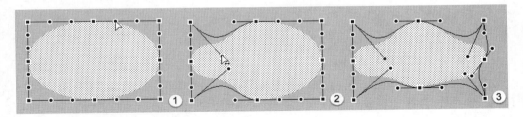

图 5-27　调整形状

② 调整控制柄上的方向点和方向线，使椭圆变形，让椭圆形状改变成云彩的形状，如图 5-27 所示。

③ 用选择工具选择云彩，执行"修改"|"形状"|"柔化填充边缘"菜单命令，在弹出的窗口中输入要在多长的距离内增加几条柔化边的值，如图 5-28 所示，云彩的四周会出现几条颜色逐渐减淡的填充线条，看起来边缘柔化了，如图 5-29 所示。将该云彩图形另存为图形元件"云彩 1"，并将舞台上"云彩 1"的实例使用组合键 Ctrl+B 离散化。

④ 选择"工具箱"中的"任意变形工具"，将云彩变小，如图 5-29 所示。由于要制作云彩从无到有的效果，所以还可以在"属性"面板中将其宽高改小，直到改小成画面里特别小的白点为止。

2. 第 2 关键帧制作

（1）增加云彩形状。

选择该层的 220 帧，在右键菜单中选择"插入空白关键帧"命令，参考上面第 1 帧的制作方法，用椭圆工具画一个白色椭圆后，将其封套变形成另一种云彩形状，然后柔化填充边缘。

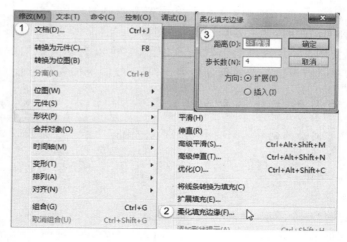

图 5-28　柔化填充边缘

图 5-29　柔化填充及尺寸修改

（2）制作云彩形状间变化动画。

在两个关键帧之间的任一帧上单击鼠标右键,在右键菜单中选择"创建补间形状"命令。按 Enter 键播放,两个关键帧之间产生了一个从小到大变形的云彩动画,如图 5-30 所示。

图 5-30　云彩形状补间动画

3. 第 3 关键帧制作

为了让第 2 关键帧的云彩在画面里停留一段时间,选择第 320 帧,按 F6 键插入第 3 关键帧,第 2、3 关键帧之间不要加形状补间。

4. 第 4 关键帧制作

（1）增加云彩形状效果。

① 选择第 500 帧,在右键菜单中选择"插入空白关键帧"命令,插入一个空帧。

② 再次参考上面第 1 关键帧的制作方法,用椭圆工具画一个小白色椭圆后,将其封套

变形成另一种小云彩图形,然后柔化填充边缘。

③ 将其另存为图形元件"云彩2"。

④ 将舞台中的"云彩2"实例离散化并改小尺寸。

(2)制作云彩形状间变化动画。

① 在第3、4关键帧任意一帧上单击鼠标右键,在右键菜单中选择"创建补间形状"命令。

② 保存文档。

播放结果为:云彩从小变大,停留一会儿,再变小消失。这种变化除了大小改变外,在形状上也改变较大。甚至可以制作一片云彩分成几片的变形动画。

5.4 补间动画

同传统补间动画一样,补间动画对于创建对象的类型也有所限制,只能应用于元件的实例和文本字段,并且要求同一图层中只能选择一个对象,如果选择同一图层多个对象,将会弹出一个用于提示是否将选择的多个对象转换为元件的提示框,如图5-31所示。

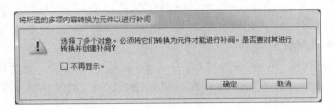

图 5-31　提示框

5.4.1　创建补间动画

在进行补间动画的创建时,对象所处的图层类型可以是系统默认的常规图层,也可以是比较特殊的引导层、遮罩层或被遮罩层。创建补间动画后,如果原图层是系统默认常规图层,那么它将成为补间图层;如果是引导层、遮罩层或被遮罩层,它将成为补间引导、补间遮罩或补间被遮罩层。

1. 创建方法

在 Flash 中创建补间动画的操作方法有两种:通过右键菜单和使用菜单命令。两者相比,前者更方便快捷,比较常用。

1)通过右键菜单创建补间动画

通过右键菜单创建补间动画有两种方法,这是由于创建补间动画的右键菜单有两种弹出方式,首先在"时间轴"面板中选择某帧,或者在舞台中选择对象(本例为文本),然后单击鼠标右键,都会弹出右键菜单,选择其中的"创建补间动画"命令,都可以为其创建补间动画,如图5-32所示。

提示:创建补间动画的帧数会根据选择对象在"时间轴"面板中所处的位置不同而有所不同。如果选择的对象是处理"时间轴"面板的第一帧中,那么补间范围的长度等于1s的持续时间,例如,当前文档的帧频为24fps,那么在"时间轴"面板中创建补间动画的范围长度即

图 5-32　创建补间动画

为 24 帧；而如果当前文档的帧频小于 5fps，创建补间动画的范围长度为 5 帧；如果选择对象存在于多个连续的帧中，则补间范围将包含该对象占用的帧数。

如果要删除创建的补间动画，可以在"时间轴"面板中选择已经创建补间动画的帧，或者在舞台中选择已经创建补间动画的对象，然后单击鼠标右键，在弹出的快捷菜单中选择"删除补间"命令，就可以将已经创建的补间动画删除。

2）使用菜单命令创建补间动画

除了使用右键菜单创建补间动画外，同样 Flash 也提供补间动画的菜单命令，首先在"时间轴"面板中选择某帧，或者在舞台中选择对象，然后单击菜单栏中的"插入"|"补间动画"命令，可以为其创建补间动画。如果要取消已经创建好的补间动画，可以单击菜单栏中的"插入"|"删除补间"命令，从而将已经创建的补间动画删除。

2. 在舞台中编辑属性关键帧

在 Flash 中，"关键帧"和"属性关键帧"性质不同，其中"关键帧"是指在"时间轴"面板中舞台上实实在在的动画对象所处的动画帧，而"属性关键帧"则是指在补间动画的特定时间或帧中为对象定义的属性值。

创建补间动画后，如果要在补间动画范围内插入属性关键帧，可以在插入属性关键帧的位置单击鼠标右键，选择弹出菜单中的"插入关键帧"其下的相关命令即可进行添加，共有 6 种属性，分别为"位置""缩放""倾斜""旋转""颜色"和"滤镜"，如图 5-33 所示。

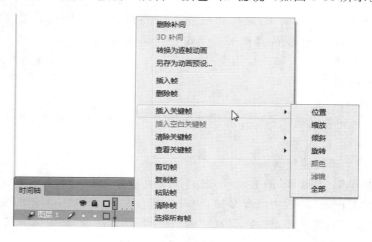

图 5-33　插入关键帧属性

在舞台中可以通过"变形面板"或"工具箱"中的各种工具进行属性关键帧的各项编辑，包括位置、大小、旋转、倾斜等。如果补间对象在补间过程中更改舞台位置，那么在舞台中将显示补间对象在舞台上移动时所经过的路径,此时可以通过"工具箱"中"选择工具""部分选取工具""转换锚点工具""任意变形工具"和"变形"面板等编辑补间的运动路径,如图 5-34 所示。

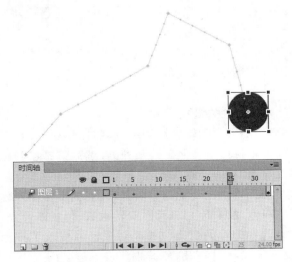

图 5-34　编辑补间的运动路径

3. 使用动画编辑器调整补间动画

在 Flash 软件中,可以通过动画编辑器查看所有补间属性和属性关键帧,从而对补间动画进行全面细致的控制。首先在"时间轴"面板中选择已经创建的补间范围,或者选择舞台中已经创建补间动画的对象,然后单击菜单栏中的"窗口"|"动画编辑器"命令,可以弹出一个如图 5-35 所示的"动画编辑器"面板。

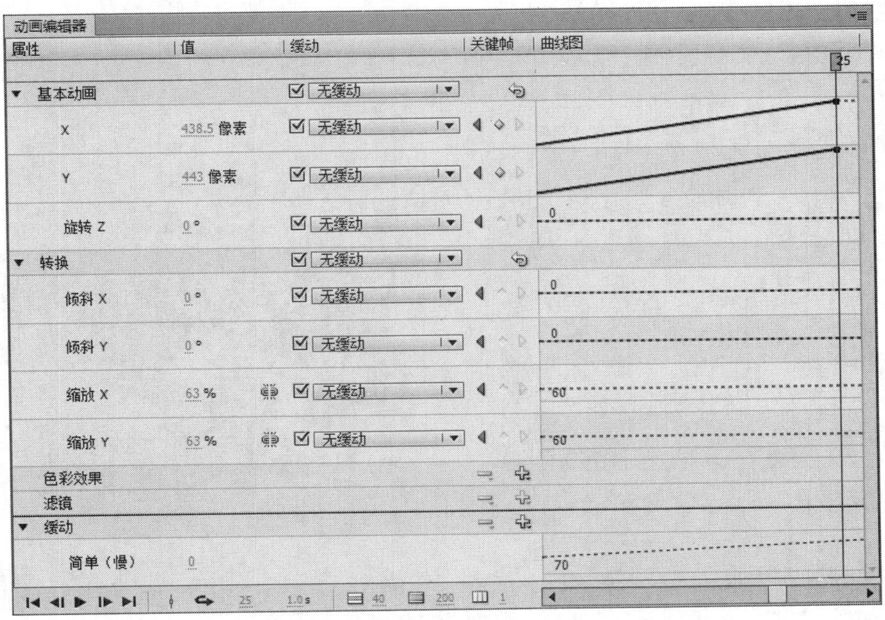

图 5-35　"动画编辑器"面板

98

在"动画编辑器"面板中自上向下共有 5 个属性类别可供调整,分别为"基本动画""转换""色彩效果""滤镜"和"缓动"。其中,"基本动画"用于设置 X、Y 和 3D 旋转属性;"转换"用于设置倾斜和缩放属性;而如果要设置"色彩效果""滤镜"和"缓动"属性,则必须首先单击"添加颜色、滤镜或缓动"按钮,然后在弹出菜单中选择相关选项,将其添加到列表中才能进行设置。

通过"动画编辑器"面板不仅可以添加并设置相关各属性关键帧,还可以在右侧的"曲线图"中使用贝塞尔控件对大多数单个属性的补间曲线的形状进行微调,并且允许创建自定义缓动曲线等。

4. 在"属性"面板中编辑属性关键帧

除了可以使用前面介绍的方法编辑各属性关键帧外,通过"属性"面板也可以进行一些编辑,首先在"时间轴"面板中将播放头拖曳到某帧处,然后选择已经创建好的补间范围,展开"属性"面板,此时可以显示"补间动画"的相关设置,如图 5-36 所示。

(1)缓动:用于设置补间动画的变化速率,可以在右侧直接输入数值进行设置。

(2)旋转:用于设置补间动画的对象旋转,旋转次数、角度以及方向。

(3)路径:如果当前选择的补间范围中补间对象已经更改了舞台位置,可以在此设置补间运动路径的位置及大小。其中,X 和 Y 分别代表"属性"面板第一帧处相关关键帧的 X 轴和 Y 轴位置;宽和高用于设置运动路径的宽度与高度。

5. 动画预设

在 Flash 中动画预设提供了预先设置好的一些补间动画,可以直接将它们应用于舞台对象,当然也可以将自己制作好的一些比较常用的补间动画保存为自定义预设,以备与他人分享或者在以后工作中直接调用,从而节省动画制作时间,提高工作效率。

动画预设的各项操作通过"动画预设"面板进行,单击菜单栏中的"窗口"|"动画预设"命令,可以将该面板展开,如图 5-37 所示。

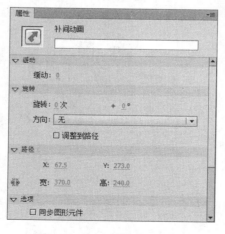

图 5-36　补间动画"属性"面板

图 5-37　"动画预设"面板

(1)应用动画预设。

应用动画预设的操作通过"动画预设"面板中的"应用"按钮进行,可以将动画预设应用于一个选定的帧,也可以将动画预设应用于不同图层上的多个选定帧,其中每个对象只能应用一个预设,如果将第二个预设应用于相同的对象,那么第二个预设将替换第一个预设。应用动画预设的操作非常简单,具体操作步骤如下。

① 在舞台上选择需要添加动画预设的对象。

② 在"动画预设"面板的"预设列表"中选择需要应用的预设,Flash 随附的每个动画预设都包括预览,在上方"预览窗口"中进行动画效果的显示预览。

③ 选择合适的动画预设后,单击"动画预设"面板中的"应用"按钮,就可以将选择预设应用到舞台选择的对象中。

④ 在应用动画预设时需要注意,在"动画预设"面板"预设列表"中的各 3D 动画的动画预设只能应用于影片剪辑实例,而不能应用于图形或按钮元件,也不适用于文本字段。因此如果想要对选择对象应用各 3D 动画的动画预设,需要将其转换为影片剪辑实例。

(2) 将补间另存为自定义动画预设。

除了可以将 Flash 对象进行动画预设的应用外,Flash 还允许将已经创建好的补间动画另存为新的动画预设,这些新的动画预设存放在"动画预设"面板"自定义预设"文件夹中。将补间另存为自定义动画预设的操作可以通过"动画预设"面板下方的"将选取另存为预设"按钮完成,具体操作如下。

① 选择"时间轴"面板中的补间范围,或者选择舞台中应用了补间的对象,本例选择的是事先创建好的"小球弹跳"补间动画,如图 5-38 所示。

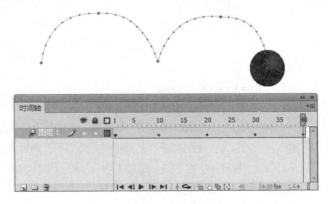

图 5-38　创建"小球弹跳"补间动画

② 单击"动画预设"面板下方的"将选取另存为预设"按钮,此时可弹出"将预设另存为"对话框,在其中可以设置另存预设的合适名称,如图 5-39 所示。

③ 单击对话框中的"确定"按钮,将选择的补间另存为预设,并存放在"动画预设"面板"自定义预设"文件夹中,如图 5-40 所示。

(3) 创建自定义预设的预览。

将选择补间另存为自定义动画预设后,对于细心的读者来说,还会发现几个不足之处,那就是选择"动画预设"面板中已经另存的自定义动画预设后,在"预览窗口"中无法进行预览,如果自定义预设很多,这会给操作带来极大不便,当然在 Flash 中也可以进行创建自定义预设的预览,具体操作步骤如下。

① 创建补间动画,并将其另存为自定义预设。

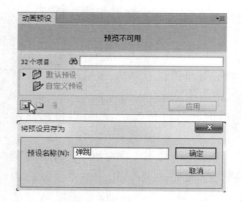

图 5-39　将预设另存

图 5-40　自定义预设

②　创建只包含补间动画的 FLA 文件,注意使用与自定义预设完全相同的名称将其保存为 FLA 格式文件,并通过"发布"命令将该 FLA 文件创建为 SWF 文件。

③　将刚才常见的 SWF 文件放置在已保存的自定义动画预设 XML 文件所在的目录中。如果用户使用的是 Windows 系统,那么就可以放置在如下目录中:＜硬盘＞\ Documents and Setting\＜用户＞\Local Settings\Application Data\Adobe\Flash CS6 \＜语言＞\Configuration\Motion Presets\。

到此,完成刚才选择自定义预设的创建预览操作,重新启动 Flash,这时选择"动画预设"面板"自定义预设"文件夹中的相对应的自定义预设后,在"预览"窗口中就可以进行预览。

6. 补间动画与传统补间动画的区别

Flash 软件支持两种不同类型的补间:传统补间动画和补间动画。与传统补间动画相比,补间动画是一种基于对象的动画,不再是作用于关键帧,而是作用于动画元件本身,从而使 Flash 的动画制作更加专业。作为一种全新的动画类型,补间动画功能强大且易于创建,不仅可以大大简化 Flash 动画的制作过程,而且提供了更大程度的控制。两者的主要差别如下:

(1) 传统补间动画是基于关键帧的动画,通过两个关键帧中两个对象的变化从而创建动画效果,其中关键帧是显示对象实例的帧;而补间动画是基于对象的动画,整个补间范围只有一个动画对象,动画中使用的是属性关键帧而不是关键帧。

(2) 补间动画在整个补间范围只有一个对象。

(3) 补间动画和传统补间动画都只允许对特定类型的对象进行补间。若应用补间动画,则在创建补间时会将所有不允许的对象类型转换为影片剪辑;而应用传统补间动画则会将这些对象类型转换为图形元件。

(4) 补间动画会将文本视为可补间的类型,而不会将文本对象转换为影片剪辑;传统补间动画则会将文本对象转换为图形元件。

(5) 在补间动画范围内不允许添加帧标签;而传统补间动画则允许在动画范围内添加帧标签。

(6) 补间目标上的任何对象脚本都无法在补间动画范围的过程中更改。

（7）在时间轴中可以将补间动画范围视为单个对象进行拉伸和调整大小；而传统补间动画可以对补间范围的局部或整体进行调整。

（8）如果要在补间动画范围中选择单个帧，必须按住 Ctrl 键单击该帧；而传统补间动画中的选择单帧只需单击即可。

（9）对于传统补间动画，缓动可应用于补间内关键帧之间的帧；对于补间动画，缓动可应用于补间动画范围内的整个长度，如果仅对补间动画的特定帧应用缓动，则需要创建自定义缓动曲线。

（10）利用传统补间动画可以在两种不同的色彩效果（如色调和透明度）之间创建动画；而补间动画可以对每个补间应用一种色彩效果，可以通过在"动画编辑器"面板的"色彩效果"属性中单击"添加颜色、滤镜或缓动"按钮进行色彩效果的选择。

（11）只可以使用补间动画来为 3D 对象创建动画效果，无法使用传统补间动画为 3D 对象创建动画效果。

（12）只有补间动画才能保存为动画预设。

（13）对于补间动画中属性关键帧无法像传统补间动画那样对动画中单个关键帧的对象应用交换元件的操作，而是将整体动画应用于交换的元件；补间动画也不能在"属性"面板的"循环"选项下设置图形元件的"单帧"数。

5.4.2　制作云彩补间动画

任务：用传统补间动画制作云彩的动画——随着太阳的升起，一片云彩群慢慢淡入，在天空忽隐忽现地漂浮着，然后随着太阳的落下，也逐渐消失。

1. 创建新图层

（1）打开"云彩变形. fla"文档。

（2）新建一个图层，重命名为"云彩飘动"。

2. 创建影片剪辑元件

（1）第 1 关键帧制作。

① 执行"插入"|"新建元件"菜单命令，创建一个影片剪辑类型的元件，命名为"云彩飘动"，进入到元件编辑界面，此时文件的背景颜色仍保留"♯00CCFF"。

② 从"库"面板中拖曳"云彩变形"影片剪辑元件到第一帧舞台上。

③ 选择"工具箱"中的"任意变形工具"。

④ 改变"云彩变形"实例的大小，缩小到几乎看不见。

⑤ 在"属性"面板中选择色彩效果样式下的 Alpha，将其值设为 0%，云彩完全透明看不见了。

（2）第 2、3、4 关键帧制作。

① 分别在第 220、320、500 帧处按 F6 键插入关键帧，创建第 2、3、4 关键帧。

② 分别将第 2、3、4 关键帧中实例的 Alpha 值设置为 70%、70%、0%，如图 5-41 所示。

③ 分别选择第 2、3、4 关键帧，然后用选择工具轻微改变云彩的位置，用任意变形工具轻微改变大小，使每个关键帧中的云彩除了 Alpha 透明值不同外，位置大小也与前一关键帧稍有不同，如图 5-42 所示。

图 5-41　调整透明度

图 5-42　调整透明度及位置

3. 创建传统补间动画

（1）创建传统补间。

在每两个关键帧之间的任一帧上单击鼠标右键，在右键菜单中选择"创建传统补间"命令。

（2）应用于舞台。

① 单击"时间轴"面板左上方"场景 1"按钮，返回主场景。

② 从"库"面板中拖曳多个"云彩变形"影片剪辑元件到主场景舞台中。

（3）测试影片。

执行"控制"|"测试影片"|"测试"菜单命令，或按 Ctrl＋Enter 键查看结果，该层的云彩淡入后在天空飘动最后消失。飘动效果不满意时可再次选择关键帧中的云彩，调整位置、大小和关键帧，以及 Alpha 属性值。

思考与练习

1. 单选题

（1）在导入图像时（导入到舞台），如果有一系列的图像，Flash 会弹出提示询问是否导入序列中所有图像。如果单击"是"按钮，那么这一系列的图像会以什么样的形式出现？（　　）

  A. 分布在多个层上

  B. 分布在同一图层多个帧上

  C. 在同一层上并重叠

D. 第一幅图像在场景中出现,其他将导入到库中

（2）以下关于逐帧动画和补间动画的说法正确的是（　　　）。

    A. 两种动画模式 Flash 都必须记录完整的各帧信息

    B. 前者必须记录各帧的完整记录,而后者不用

    C. 前者不必记录各帧的完整记录,而后者必须记录完整的各帧记录

    D. 以上说法均不对

（3）插入关键帧的快捷键是（　　　）。

    A. F5   B. F6   C. F7   D. F8

（4）在时间轴中形状补间用什么颜色表示?（　　　）

    A. 蓝色   B. 红色   C. 绿色   D. 黄色

（5）下面对于创建逐帧动画的说法正确的是（　　　）。

    A. 不需要将每一帧都定义为关键帧

    B. 在初始状态下,每一个关键帧都应该包含和前一关键帧相同的内容

    C. 逐帧动画一般不应用于复杂的动画制作

    D. 以上说法都错误

（6）所有动画都是由（　　　）组成的。

    A. 时间线   B. 图像   C. 手柄   D. 帧

（7）在时间轴中动作补间用什么颜色表示?（　　　）

    A. 蓝色   B. 红色   C. 绿色   D. 黄色

2. 多选题

（1）（　　　）类型动画的制作只需给出动画序列中的起始帧和终结帧,中间的过渡帧可通过 Flash 自动生成。

    A. 逐帧动画   B. 形状补间   C. 运动补间   D. 蒙版动画

（2）引导动画常常用来制作如（　　　）等一类具有轨迹的动画。

    A. 光彩字   B. 树叶飘落   C. 探照灯   D. 小鸟飞翔

（3）关于传统补间动画,说法正确的是（　　　）。

    A. 传统补间是发生在不同元件的不同实例之间的

    B. 传统补间是发生在相同元件的不同实例之间的

    C. 传统补间是发生在打散后的不同元件的实例之间的

    D. 传统补间是发生在打散后的相同元件的实例之间的

（4）下列（　　　）动画属于形状补间动画。

    A. 字母变数字   B. 探照灯效果   C. 蝴蝶飞舞   D. 三角形变矩形

（5）下列关于补间动画的描述正确的有（　　　）。

    A. 在补间动画中,在一个时间点定义一个实例、组或文本块的位置、大小和旋转等属性,然后在另一个时间点改变某些属性

    B. 要对组、实例或位图图像应用补间动画,首先必须分离这些元素,使它们成为形状以后才能进行

    C. 补间动画是创建随时间推移的动画的一种有效方法,可以减小所生成文件的大小

D. 在补间动画中,Flash 只保存关键帧之间更改的值

3. 判断题

(1)一个普通帧是可以被转换为实关键帧或空白关键帧的。　　　　　　　(　　)

(2)形状补间要求对象必须是图形对象。　　　　　　　　　　　　　　(　　)

(3)导入的 GIF 文件将自动形成帧帧动画序列。　　　　　　　　　　　(　　)

(4)Flash 动画制作时,两个关键帧中间的普通帧在未生成动画前内容是空白的。

　　　　　　　　　　　　　　　　　　　　　　　　　　　　　　(　　)

(5)空白关键帧是在时间轴上以一个空心的小圆圈表示。　　　　　　　　(　　)

(6)如果要让 Flash 同时对若干个对象产生渐变动画,则必须将这些对象放置在不同的层中。　　　　　　　　　　　　　　　　　　　　　　　　　　　　　(　　)

6.1 创建影片剪辑元件

Flash 的影片剪辑元件就是一段动画片段,将动画片段放到库里就形成了影片剪辑元件,这个带动画的元件和图形元件一样可以重复使用。影片剪辑既然是动画就像主场景的动画一样有自己的时间轴和层,当作为一个对象放到主场景的时候,它自己的时间轴和帧会独立于主场景的时间轴和帧。

影片剪辑元件的制作和场景中的普通动画制作的方法一样。

6.2 制作影片剪辑元件

完成蜻蜓飞、蝴蝶飞、菊花生长的影片剪辑元件的制作,有了影片剪辑元件就可以完成多个有动作的对象形成昆虫飞和花开的场景,在本章中将开始多场景影片的制作。

6.2.1 制作小草元件

任务:本节的任务是完成小草元件的绘制,小草的效果如图 6-1 所示。

1. 绘制小草图形

(1) 启动 Flash CS6,新建一个 ActionScript 3.0 文档,然后执行"修改"|"文档"菜单命令,打开"文档设置"对话框,设置"尺寸"为 800 像素(宽度)×600 像素(高度)。

(2) 执行"文件"|"保存"菜单命令,打开"另存为"对话框,将文档存储为"小草.fla"。

(3) 绘制小草轮廓。

① 执行"插入"|"新建元件"菜单命令,创建一个名称为"小草"的影片剪辑元件,如图 6-2 所示。

图 6-1 小草影片剪辑元件

图 6-2 创建影片剪辑元件

② 选择"工具箱"中的"线条工具"。

③ 使用线条工具在舞台上画出三条直线。

④ 再使用选择工具调整出一根草的形状,如图 6-3 所示。

(4) 设置填充色。

① 选择"工具箱"中的"颜料桶工具"。

② 设置颜料桶填充模式为"径向渐变"。

③ 设置填充颜色从左到右:左侧为深绿色"♯007407",右侧为浅绿色"♯5BFF00"。

④ 删除所有线条,如图 6-4 所示。

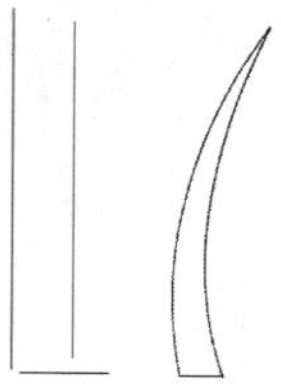

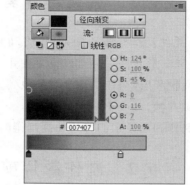

图 6-3　小草的形状

图 6-4　修改填充颜色

2. 添加动作

(1) 在第 10 帧插入关键帧,默认得到和第 1 帧相同的图形。

(2) 选择"工具箱"中的"颜料桶工具"。

(3) 将小草的中心拖曳到根部,如图 6-5 所示。

(4) 调整小草的形状和位置,保证根部不动。

(5) 在第 1 帧和第 10 帧之间右击鼠标,在快捷菜单中选择"创建形状补间"命令。

(6) 在第 20 帧处插入关键帧。

(7) 将第 1 帧复制粘贴给第 20 帧,并在第 10 帧和第 20 帧之间添加形状补间,如图 6-6 所示。

图 6-5　调整中心点

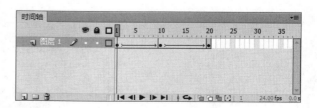

图 6-6　创建形状补间

3．制作不同形状的小草

（1）依照前面步骤，制作几个不同形状草叶的影片剪辑元件。

（2）新建多个图层，然后分别放置不同形状草叶的影片剪辑元件，形成一组草的形状，如图 6-7 所示。

图 6-7　一组草

6.2.2　制作下雨影片剪辑元件

任务：新建文件"下雨. fla"，制作一个下雨的场景，如图 6-8 所示。其中的每个水滴下面形成向外扩散的水环。

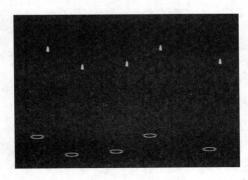

图 6-8　下雨效果

1．新建文件

（1）启动 Flash CS6，新建一个 ActionScript 3.0 文档。

（2）执行"文件"|"保存"菜单命令，打开"另存为"对话框，将文档存储为"下雨. fla"。

（3）单击舞台，在"属性"面板中设置舞台"尺寸"为 800 像素（宽度）×600 像素（高度），设置舞台背景颜色为黑色。

2．制作"水环"影片剪辑

制作一个水环散开的动画。包含 4 个图层，每个图层一个水环，每个环错开时间。

（1）新建影片剪辑元件，命名"水环"。

（2）选择工具箱中的"椭圆工具"。

（3）设置笔触颜色"♯999999"，填充颜色为无，笔触高度为"1.00"。

（4）在"图层1"第1帧的舞台上拖曳鼠标画出4个同心圆，如图6-9所示。

图6-9　4个同心圆

（5）在第25帧处按F6键插入一个关键帧，默认得到与第1关键帧相同的内容。

（6）选择工具箱中的"任意变形工具"，调整第1帧中水环的尺寸为原尺寸的10％。

（7）打开"颜色"面板，调整第25帧中水环的透明度Alpha值为0％。

（8）将鼠标定位于第1帧与第25帧之间任意一帧处，右击从弹出的快捷菜单中选择"创建补间形状"命令，完成涟漪从小水环慢慢散开并逐渐消失的效果。

（9）新增"图层2""图层3""图层4"，按照上述方法在每个图层中制作一个水环散开的形状补间动画，为了营造涟漪错落的效果，每个图层中水环出现的帧数递增5个，如图6-10所示。

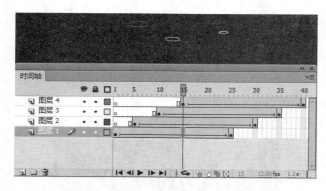

图6-10　"水环"影片剪辑元件图层和帧

3. 制作"下雨"影片剪辑元件

（1）新建影片剪辑元件，命名"下雨"。

① 新建两个图层，分别命名为"雨滴1"和"水环"，其中，在图层"雨滴1"中设置雨滴下落的效果，在图层"水环"中设置水纹扩散效果。

（2）制作雨滴下落过程。

① 选择工具箱中的"刷子工具"。

② 打开"颜色"面板，填充颜色为纯色"♯CCCCCC"，如图6-11所示。

③ 在图层"雨滴1"第1帧处绘制一个小的雨滴，右击鼠标，将其转换为图形元件，如图6-12所示。

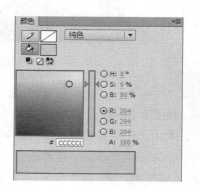

图6-11　刷子工具绘制雨滴

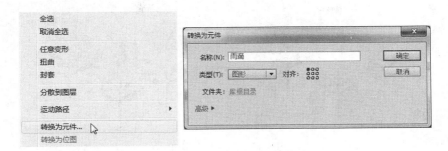

图 6-12　转换为图形元件

④ 在"雨滴 1"图层第 25 帧处插入关键帧,调整雨滴下落至地面的位置。

⑤ 在"属性"面板中调整"色彩效果"中透明度 Alpha 值为 0%,如图 6-13 所示,达到一种雨滴渐隐的效果。

⑥ 在"雨滴 1"图层第 1 帧至第 25 帧之间任意一帧处右击鼠标,从弹出的快捷菜单中选择"创建传统补间"命令,完成下落效果。

（3）增加雨滴数量。

① 增加图层"雨滴 2","雨滴 3"。

② 按照上述方法,分别在各图层中增加一个降落的雨滴,相邻两个图层相差 5 个帧开始雨滴降落过程。

（4）添加水环效果。

① 在"水环"图层第 25 帧处右击鼠标,插入空白关键帧。

② 从"库"面板中拖曳"水环"影片剪辑元件至舞台中,并调整位置。

图 6-13　调整"色彩效果"

③ 在"水环"图层第 65 帧处右击鼠标,插入关键帧,即水环效果持续 40 帧,如图 6-14 所示。

至此,完成了一滴雨落下的完整动画。

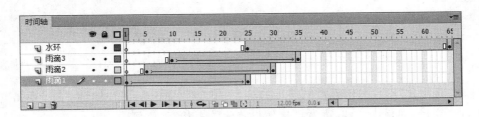

图 6-14　"下雨"影片剪辑元件图层和帧

6.2.3　制作菊花生长影片剪辑元件

　　任务:制作多个菊花生长的动画,完整的影片剪辑包括菊花生长的影片剪辑和菊花开放的影片剪辑。完成后的菊花影片效果如图 6-15 所示。

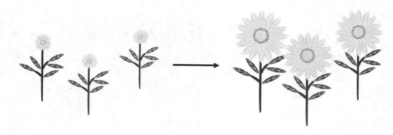

图 6-15　菊花生长效果

1. 创建文档

（1）打开第 4 章制作的"菊花. fla"。

（2）将文件另存为"菊花生长. fla"。

（3）将舞台中的所有元件实例清空。

2. 制作菊花开放效果

（1）执行"插入"|"新建元件"菜单命令，在弹出的"创建新元件"对话框中，类型选择"影片剪辑"，名称设置为"菊花开"，单击"确定"按钮，如图 6-16 所示。

（2）制作花开动画。

① 单击"菊花开"影片剪辑元件图层 1 的第 1 帧，在库中选择菊花图形元件"花朵"，拖入到场景中。

② 打开"对齐"面板，调整舞台对象，使菊花中心点与场景中心点一致。

③ 单击舞台对象菊花，在"变形"面板中，单击 图标，将高度宽度比例设置为约束状态；设置比例为 20％，将图形缩小，如图 6-17 所示。

图 6-16　新建"菊花开"影片剪辑元件

图 6-17　保持约束比例缩小图形

④ 在"菊花开"影片剪辑元件图层 1 的第 40 帧处插入关键帧（快捷键 F6）；单击舞台对象菊花，在"变形"面板中，将高度宽度比例设置为约束状态，比例为 100％。

⑤ 使用"选择工具"在第 1～40 帧之间任选一帧，右击鼠标，选择"创建传统补间"命令。

⑥ 在第 55 帧处插入普通帧，让花开的过程有 15 帧的延续，如图 6-18 所示。

（3）完成"菊花开"的影片剪辑，按 Enter 键可以测试影片剪辑的播放。播放后的第 1 帧、中间帧和末尾帧的效果如图 6-19 所示。

3. 制作菊花生长效果

（1）执行"插入"|"新建元件"菜单命令，在弹出的"创建新元件"对话框中，类型选择"影

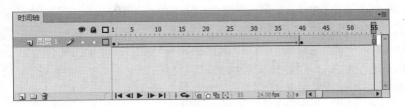

图 6-18　插入普通帧

图 6-19　菊花开影片剪辑效果

片剪辑",名称设置为"菊花生长",单击"确定"按钮,如图 6-20 所示。

图 6-20　新建"菊花生长"影片剪辑元件

(2) 制作生长动画。

① 在"菊花生长"影片剪辑下,将时间轴中图层重命名为"花开";在库中选择制作好的"菊花开"影片剪辑元件,将其拖曳到"花开"图层的第 1 帧上。

② 新建图层,重命名为"花茎";将"库"面板第 4 章中制作的"花茎"元件拖曳到"花茎"图层第 1 帧上,如图 6-21 所示。

③ 选择工具箱中"任意变形工具";将花茎的中心点拖曳到底部的位置,如图 6-22 所示。

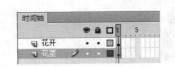

图 6-21　重命名图层

图 6-22　改变中心点

　　④ 单击舞台对象花茎,在"变形"面板中,约束状态下将高度宽度比例设置为10%,将"菊花开"影片剪辑元件拖曳到花茎顶部。

　　⑤ 选择工具箱中的"任意变形工具",将"菊花开"影片剪辑元件进行适度旋转和缩放。

　　⑥ 在花茎图层的第40帧处插入关键帧(快捷键F6);在"变形"面板中,约束状态下将高度宽度比例设置为100%。

　　⑦ 在花开图层的第40帧处插入关键帧(快捷键F6);将"菊花开"影片剪辑移动到花茎顶部(进行适度旋转操作),如图6-23所示。

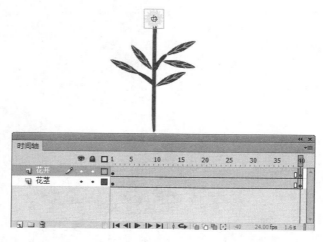

图6-23　调整大小及位置

　　⑧ 在"花开"和"花茎"图层的第1～40帧之间任意一帧右击选择"创建传统补间"命令;并且在两个图层的第55帧处插入帧,如图6-24所示。

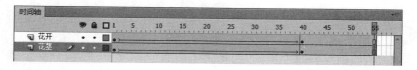

图6-24　"时间轴"面板

　　(3) 测试"菊花生长"影片剪辑,保存文档。

6.2.4　制作蝴蝶飞影片剪辑元件

　　任务:制作蝴蝶震动翅膀的动画,完成后的蝴蝶展翅影片效果如图6-25所示。

图6-25　蝴蝶展翅效果

1. 新建文件

（1）启动 Flash CS6，新建一个 ActionScript 3.0 文档。在工作区中右击鼠标，选择弹出菜单中的"文档属性"命令，在弹出的"文档属性"对话框中设置"尺寸"为 800 像素（宽度）×600 像素（高度），单击"确定"按钮，完成对文档属性的各项设置。

（2）执行"文件"|"保存"菜单命令，打开"另存为"对话框，将文档存储为"蝴蝶单飞. fla"。

2. 新建影片剪辑元件

（1）执行"插入"|"新建元件"菜单命令，在弹出的"创建新元件"对话框中，类型选择"影片剪辑"，名称设置为"蝴蝶展翅"，单击"确定"按钮，如图 6-26 所示。

（2）复制"蝴蝶"图形。

① 打开第 4 章制作的"蝴蝶. fla"。

② 将"蝴蝶"影片剪辑三个图层里面的全部帧都选中（用鼠标左键单击左上角第 1 帧不放开，向右下角移动鼠标，这样就可以将全部帧选中；或者用 Shift 键＋鼠标选中所有帧）。在全部选中帧的任意位置单击鼠标右键，在弹出的快捷菜单中选择"复制帧"命令，如图 6-27 所示。

图 6-26　新建"蝴蝶展翅"影片剪辑元件

图 6-27　复制帧

③ 返回到"蝴蝶单飞. fla"文件，双击该文件下"库"面板中"蝴蝶展翅"影片剪辑，使其处于编辑状态，如图 6-28 所示。

④ 在图层 1 的第 1 帧位置右击，在弹出的快捷菜单中选择"粘贴帧"命令；完成"蝴蝶展翅"影片剪辑。

（3）设置舞台左右翅膀对象的透明度。

① 分别单击两个翅膀。

② 依次打开"属性"|"色彩效果"|"样式"下拉列表，选择 Alpha 选项。

③ 将 Alpha 值设置为 80%，如图 6-29 所示。

图 6-28　编辑"蝴蝶展翅"影片剪辑元件

图 6-29　设置 Alpha 值

第6章　影片剪辑元件

④ 两个翅膀变透明,对比效果如图 6-30 所示。

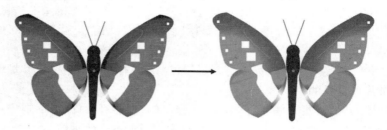

图 6-30　翅膀变透明前后对比

3. 制作蝴蝶左右翅膀震动的动画效果

（1）左翅膀动画。

① 锁定除左翅膀图层外的其他图层,如图 6-31 所示。

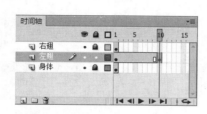

图 6-31　改变中心点

② 单击左翅膀图层。

③ 选择工具箱中"任意变形工具",将翅膀的中心点拖曳到翅膀右侧中间的位置。

④ 在左翅图层第 10 帧处插入关键帧(快捷键 F6),如图 6-32 所示。

⑤ 在第 10 帧位置,单击舞台中翅膀对象,选择菜单栏中"窗口"|"变形"菜单命令,打开"变形"面板,单击"约束"按钮,变为不约束。

⑥ 在"变形"面板上将水平缩放比例设置为 20%,缩短后的翅膀图形如图 6-33 所示。

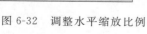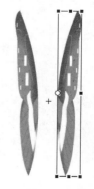

图 6-32　调整水平缩放比例　　　　　图 6-33　缩短后的翅膀图形

⑦ 将第 1 帧复制,粘贴到第 20 帧;在第 1～10 帧之间任意一帧处单击右键,在弹出的快捷菜单中选择"创建传统补间"命令;在第 10～20 帧之间任意一帧处同样右击,选择"创建传统补间"命令。

（2）右翅膀动画。

① 锁定左翅膀,将右翅膀图层解锁。

② 选择工具箱中"任意变形工具",将翅膀的中心点拖曳到翅膀左侧中间的位置。

③ 在右翅图层第 10 帧处插入关键帧(快捷键 F6)。

④ 在第 10 帧位置,单击舞台翅膀对象,选择菜单栏中"窗口"|"变形"菜单命令,打开"变形"面板,单击"约束"按钮,变为不约束。

⑤ 在"变形"面板上将水平缩放比例设置为 20%,缩短后的翅膀图形如图 6-33 所示。

⑥ 将第 1 帧复制,粘贴到第 20 帧;在第 1～10 帧之间任意一帧处单击右键,在弹出的快捷菜单中选择"创建传统补间"命令;在第 10～20 帧之间任意一帧处同样右击,选择"创建传统补间"命令,如图 6-34 所示。

 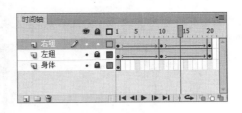

图 6-34　右翅图层创建传统补间

（3）身体部分动画。

① 锁定右翅膀,将身体图层解锁。

② 选择工具箱中"任意变形工具",将身体的中心点拖曳到身体下方中间的位置,如图 6-35 所示。

③ 在身体图层第 10 帧处插入关键帧(快捷键 F6)。

④ 在第 10 帧位置,单击舞台身体对象,选择菜单栏中"窗口"|"变形"菜单命令,打开"变形"面板,保持不约束状态。

⑤ 在"变形"面板上将水平缩放比例设置为 85％,缩短后的身体图形如图 6-36 所示。

图 6-35　调整中心点　　　　图 6-36　缩短后的身体图形

⑥ 将第 1 帧复制,粘贴到第 20 帧;在第 1～10 帧之间任意一帧处右击,在弹出的快捷菜单中选择"创建传统补间"命令;在第 10～20 帧之间任意一帧处同样右击,选择"创建传

统补间"命令,如图 6-37 所示。

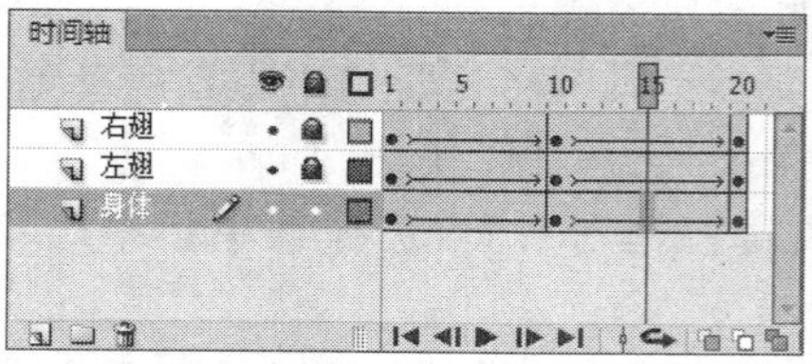

图 6-37　身体图层创建传统补间动画

4. 测试影片,保存文档

6.2.5　制作蜻蜓飞影片剪辑元件

任务:制作蜻蜓震动翅膀的动画,完成后的蜻蜓展翅影片效果如图 6-38 所示。

图 6-38　蜻蜓扇动翅膀动画效果

1. 新建文件

(1) 打开第 4 章制作的"蜻蜓. fla"文档。

(2) 执行"文件"|"另存为"菜单命令,打开"另存为"对话框,将文档存储为"蜻蜓单飞.fla"。

2. 新建影片剪辑元件

(1) 复制"蜻蜓"图形元件。

① 打开"库"面板。

② 在图形元件"蜻蜓"上右击,在弹出的快捷菜单中选择"直接复制"命令,如图 6-39 所示。

图 6-39　复制蜻蜓图形元件

③ 在弹出的"直接复制元件"对话框中，类型选择"影片剪辑"，名称设置为"蜻蜓展翅"，单击"确定"按钮，如图 6-40 所示。

图 6-40　"直接复制元件"对话框

（2）打开"蜻蜓展翅"影片剪辑元件。

① 打开"库"面板。

② 鼠标双击"蜻蜓展翅"影片剪辑元件，使其处于编辑状态。

3．设置舞台左右翅膀对象的透明度

（1）分别单击 4 个翅膀。

（2）依次打开"属性"|"色彩模式"|"样式"下拉列表，选择 Alpha 选项，如图 6-41 所示。

图 6-41　美化蜻蜓翅膀对象

（3）将 Alpha 值设置为 80%。

（4）4 个翅膀调整 Alpha 值前后对比效果如图 6-41 所示。

4．制作蜻蜓翅膀的动画效果

（1）制作左大翅膀扇动的动画。

① 锁定除左大翅图层外的其他图层。

② 单击左大翅图层。

③ 选择工具箱中"任意变形工具"将翅膀的中心点拖曳到翅膀右侧中间的位置，如图 6-42 所示。

④ 在左大翅图层第 10 帧处插入关键帧（快捷键 F6）。

⑤ 在第 10 帧位置，单击舞台左大翅膀对象，选择菜单栏中"窗口"|"变形"菜单命令，打开"变形"面板，单击"约束"按钮，变为不约束。

⑥ 在"变形"面板上将水平缩放比例设置为 20%，缩短后的翅膀图形如图 6-43 所示。

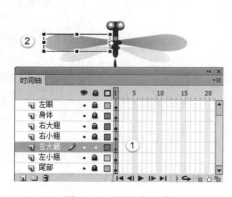

图 6-42　调整中心点

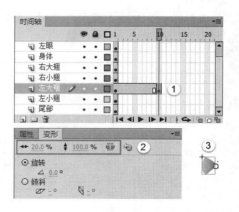

图 6-43　调整水平缩放

⑦　将第 1 帧复制,粘贴到第 20 帧;在第 1～10 帧之间任意一帧处右击,在弹出的快捷菜单中选择"创建传统补间"命令;在第 10～20 帧之间任意一帧处同样右击,选择"创建传统补间"命令,如图 6-44 所示。

(2) 制作其他三个翅膀扇动的动画。

①　解锁左小翅图层,在第 1 帧将中心点拖曳到右侧中间的位置,如图 6-45 所示。在第 10 帧将水平缩放比例设置为 15％(参考左大翅膀的操作步骤)。

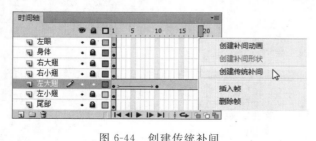

图 6-44　创建传统补间

图 6-45　调整左小翅中心点

②　关键帧和补间参考左大翅膀的步骤操作,如图 6-46 所示。

③　在身体图层第 20 帧处插入帧,这样在第 1～20 帧处身体都可见。

④　分别选择右侧的大翅膀和小翅膀图层,像左侧一样在第 10 帧将水平缩放比例设置为 20％和 15％(步骤省略),如图 6-47 所示。

⑤　关键帧和补间参考左侧翅膀的步骤操作,如图 6-48 所示。

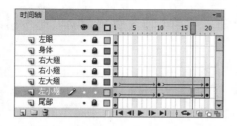

图 6-46　左小翅图层创建传统补间动画

图 6-47　调整缩放比例

5. 制作蜻蜓左右眼睛摆动的动画效果

（1）制作左眼睛摆动的动画效果。

① 锁定左眼图层外的其他图层。

② 单击左眼图层,选择工具箱中"任意变形工具",将左眼的中心点拖曳到右下方的位置,如图6-49所示。

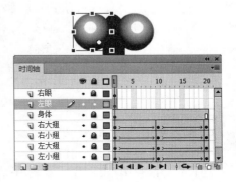

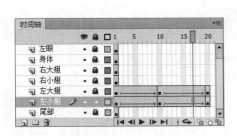

图6-48　关键帧和补间　　　　　　　　　　图6-49　调整左眼中心点

③ 在左眼图层第5帧处插入关键帧。

④ 在第5帧位置,单击舞台对象中的左眼。选择菜单栏中的"窗口"|"变形"命令,打开"变形"面板。在"变形"面板上改变旋转度数为-10。

⑤ 左眼睛向左倾斜,偏离背后的黑色身体部分。

⑥ 在第1帧复制帧,粘贴到第10帧和20帧;在第5帧复制帧,粘贴到第15帧;在第1~5帧、第5~10帧、第10~15帧、第15~20帧之间"创建传统补间"(**提示**:第1帧、第10帧、第20帧状态相同,第5帧、第15帧状态相同),如图6-50所示。

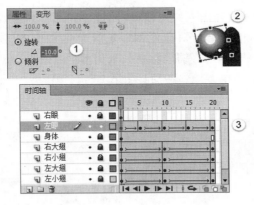

图6-50　制作左眼睛摆动效果

（2）制作右眼睛摆动的动画效果。

① 锁定除右眼图层以外的其他图层。

② 单击右眼图层,在第1帧将右眼的中心点移到与左眼睛对应的位置;在第5帧位置,旋转10°(参考左眼睛的操作步骤),右眼睛向右倾斜,偏离背后的黑色身体部分。

③ 创建"传统补间动画"（参考左眼睛的操作步骤），如图 6-51 所示。

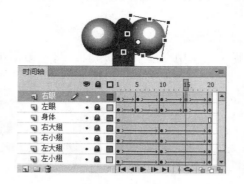

图 6-51　创建右眼传统补间动画

6. 制作蜻蜓尾部伸缩的动画效果

（1）锁定尾部图层外的其他图层。

（2）单击尾部图层，选择工具箱中"任意变形工具"，将尾部的中心点拖曳到上部中间的位置，如图 6-52 所示。

图 6-52　尾部调整

（3）在尾部图层第 10 帧处插入关键帧（快捷键 F6）。

（4）在第 10 帧位置，单击舞台对象尾部。选择菜单栏中的"窗口"|"变形"命令，打开"变形"面板，设置不约束状态，垂直缩放比例设置为 80%，如图 6-53 所示。

（5）在第 1 帧复制帧，粘贴到第 20 帧；在第 1～10 帧、第 10～20 帧之间"创建传统补间"，如图 6-53 所示。

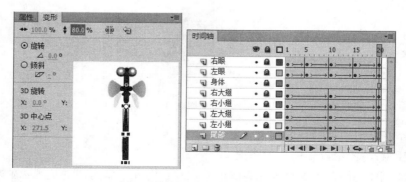

图 6-53　创建尾部传统补间动画

6.2.6 制作野鸭飞影片剪辑元件

任务：制作野鸭拍动翅膀的动画，完成后的野鸭飞影片效果如图 6-54 所示。

图 6-54　野鸭飞动画效果

1. 新建文档

（1）启动 Flash CS6，新建一个 ActionScript 3.0 文档。在工作区中单击鼠标右键，选择弹出菜单中的"文档属性"命令，在弹出"文档属性"对话框中设置"尺寸"为 800 像素（宽度）×600 像素（高度）单击"确定"按钮，完成对文档属性的各项设置。

（2）执行"文件"|"保存"菜单命令，打开"另存为"对话框，将文档存储为"野鸭飞.fla"。

2. 制作"野鸭飞"影片剪辑元件

（1）复制帧。

① 执行"插入"|"新建元件"菜单命令，在弹出的"创建新元件"对话框中，类型选择"影片剪辑"，名称设置为"野鸭飞"，单击"确定"按钮。

② 打开第 5 章制作的"野鸭.fla"文件。

③ 将图层 1 的全部帧都选中（单击左上角第 1 帧不放开，向右下角移动鼠标，这样就可以将全部帧选中；或者用 Shift 键＋鼠标选中所有帧），在全部选中帧的任意位置右击，在弹出的快捷菜单中选择"复制帧"命令，如图 6-55 所示。

图 6-55　复制帧

（2）粘贴帧。

① 返回到"野鸭飞.fla"文件。

② 鼠标双击"库"面板中"野鸭飞"影片剪辑元件，使其处于编辑状态。

③ 在图层的第 1 帧位置，单击鼠标右键，在弹出的快捷菜单中选择"粘贴帧"命令，如图 6-56 所示。

（3）保存文档。

执行"文件"|"保存"菜单命令，完成"野鸭飞"影片剪辑元件的制作。

图 6-56　粘贴帧

6.2.7　制作阳光照射影片剪辑元件

任务：制作阳光照射的动画，完成后的阳光照射效果如图 6-57 所示。

图 6-57　阳光照射动画效果

1. 新建文档

（1）启动 Flash CS6，新建一个 ActionScript 3.0 文档。在工作区中右击鼠标，选择弹出菜单中的"文档属性"命令，在弹出的"文档属性"对话框中设置"尺寸"为 800 像素（宽度）×600 像素（高度）单击"确定"按钮，完成对文档属性的各项设置。

（2）执行"文件"|"保存"菜单命令，打开"另存为"对话框，将文档存储为"阳光照射.fla"。

2. 制作"阳光照射"影片剪辑元件

（1）复制帧。

① 执行"插入"|"新建元件"菜单命令，在弹出的"创建新元件"对话框中，类型选择"影片剪辑"，名称设置为"阳光照射"，单击"确定"按钮。

② 打开第 5 章制作的"太阳.fla"文件。

③ 将两个图层的全部帧都选中（鼠标左键单击左上角第 1 帧不放开，向右下角移动鼠标，这样就可以将全部帧选中；或者用 Shift 键＋鼠标选中所有帧），在全部选中帧的任意位置右击，在弹出的快捷菜单中选择"复制帧"命令，如图 6-58 所示。

（2）粘贴帧。

① 返回到"阳光照射.fla"文件。

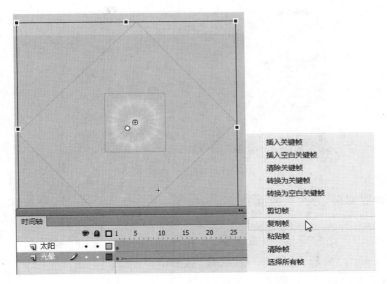

图 6-58　复制帧

② 鼠标双击"库"面板中"阳光照射"影片剪辑元件，使其处于编辑状态。

③ 在图层的第 1 帧位置右击，在弹出的快捷菜单中选择"粘贴帧"命令，如图 6-59 所示。

图 6-59　粘贴帧

（3）保存文档。

执行"文件"|"保存"菜单命令，完成"阳光照射"影片剪辑元件的制作。

6.2.8　制作云彩飘动剪辑元件

任务：制作云彩飘动的动画，完成后的云彩飘动效果如图 6-60 所示。

1. 新建文档

（1）启动 Flash CS6，新建一个 ActionScript 3.0 文档。在工作区中右击鼠标，选择弹出菜单中的"文档属性"命令，在弹出的"文档属性"对话框中设置"尺寸"为 800 像素（宽度）×600 像素（高度），单击"确定"按钮，完成对文档属性的各项设置。

（2）执行"文件"|"保存"菜单命令，打开"另存为"对话框，将文档存储为"云彩飘动.fla"。

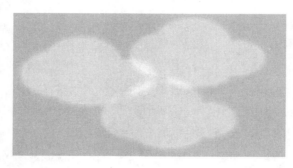

图 6-60　云彩飘动效果

2. 制作"云彩飘动"影片剪辑元件

（1）复制帧。

① 执行"插入"|"新建元件"菜单命令，在弹出的"创建新元件"对话框中，类型选择"影片剪辑"，名称设置为"云彩飘动"，单击"确定"按钮。

② 打开第 5 章制作的"云彩变形．fla"文件。

③ 将两个图层的全部帧都选中（鼠标左键单击左上角第 1 帧不放开，向右下角移动鼠标，这样就可以将全部帧选中；或者用 Shift 键＋鼠标选中所有帧），在全部选中帧的任意位置右击，在弹出的快捷菜单中选择"复制帧"（参考"阳光照射"影片剪辑元件制作方法）。

（2）粘贴帧。

① 返回到"云彩飘动．fla"文件。

② 鼠标双击"库"面板中"云彩飘动"影片剪辑元件，使其处于编辑状态。

③ 在图层的第 1 帧位置处右击，在弹出的快捷菜单中选择"粘贴帧"命令，如图 6-61 所示。

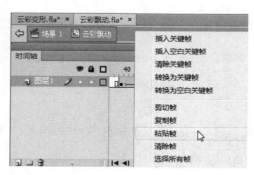

图 6-61　粘贴帧

（3）保存文档。

执行"文件"|"保存"菜单命令，完成"云彩飘动"影片剪辑元件的制作。

思考与练习

1. 单选题

（1）以下（　　　）操作可以使 Flash 直接进入编辑元件的模式。

A. 双击舞台上的元件实例　　　　　　B. 双击"库"面板内的元件图标

C. 将舞台上的元件拖动到"库"面板之上　D. 以上都不对

（2）将舞台上的对象转换为元件的快捷键是（　　）。

A. F5　　　　　　　B. F10　　　　　　C. F8　　　　　　D. 以上都不对

（3）如果想把一段较复杂的动画做成元件，可以先发布这段动画，然后把它导入到库中，成为一个（　　）元件。

A. 图形　　　　　　B. 按钮　　　　　　C. 影片剪辑　　　　D. 组

（4）滤镜只能用于（　　）元件。

A. 图形　　　　　　B. 按钮　　　　　　C. 影片剪辑　　　　D. 组

（5）下面关于使用元件的说法错误的是（　　）。

A. 在文档中使用元件与整个文件的大小无关

B. 保存一个元件的几个实例比保存该元件内容的多个副本占用的存储空间小

C. 使用元件还可以加快 SWF 文件的回放速度

D. 通过将诸如背景图像这样的静态图形转换为元件然后重新使用它们，可以减小
文档的文件大小

2. 多选题

（1）下面关于使用元件的说法正确的是（　　）。

A. 在文档中使用元件与整个文件的大小无关

B. 保存一个元件的几个实例比保存该元件内容的多个副本占用的存储空间小

C. 使用元件还可以加快 SWF 文件的回放速度

D. 通过将诸如背景图像这样的静态图形转换为元件然后重新使用它们，可以减小
文档的文件大小

（2）影片剪辑元件可以嵌套使用（　　）。

A. 图形元件　　　　B. 按钮元件　　　　C. 影片剪辑元件　　D. 组

3. 判断题

（1）Flash 中元件既可以是一个静止的图形也可以是一个动画短片。　　　　（　　）

（2）可以将其他文档中的元件导入到当前动画文档的库中。　　　　　　　（　　）

第7章 多场景动画

Flash 的场景就是制作动画的一个平台,这个平台也是动画播放的舞台。一部包含故事的动画就像一部舞台剧一样,需要有不同的场景。这些不同的场景各自拥有各自的背景、对象和播放方法,即形成了多场景。

7.1 基 本 操 作

7.1.1 添加场景

建立 Flash 文件的时候默认只有一个场景,需要添加场景的时候有以下两种操作方式。

(1) 执行"插入"|"场景"菜单命令,即可插入新场景,如图 7-1 所示。

(2) 执行"窗口"|"其他面板"|"场景"菜单命令,打开"场景"面板,也可以按快捷键 Shift+F2 打开"场景"面板,"场景"面板如图 7-2 所示。

要添加场景可以单击"场景"面板中的"添加场景"按钮。

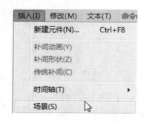

图 7-1 添加场景

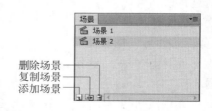

图 7-2 场景面板

7.1.2 场景管理

1. 场景命名

可以为场景重新命名,在"场景"面板上,双击某个场景的名称即可修改场景的名称。

2. 场景删除

在"场景"面板上选择相应的场景,然后单击"删除场景"按钮即可,如图 7-2 所示。

图 7-3 场景切换

3. 场景切换

舞台的右上角有一个切换场景的按钮,单击时会下拉出所有的场景,选择相应的场景名称即可进行切换,如图 7-3 所示,也可以在"场景"面板中单击相应场景名称进行切换。

7.1.3　场景播放

当有多个场景的时候,播放时首先播放第一个场景,然后是按照"场景"面板的排列顺序由上到下进行播放。场景的顺序可在"场景"面板中进行调整,需要调整时在"场景"面板中用鼠标单击相应场景上下拖动即可。

在一个动画影片的制作过程中,通常情况下先不需要考虑场景的播放顺序,而是将各个场景制作完成,然后再来安排播放顺序。安排播放顺序时主要是将首个场景放置在第一个位置,其他场景通常情况下使用按钮或者程序来进行控制。

7.2　制作多场景影片

Flash 中场景的概念实际上就像舞台剧的场景一样,每一个场景是一幕剧,可通过重命名来更准确地表示每个场景的主题。

任务:本节的任务是制作多场景动画,通过加入背景图片和众多的影片剪辑元件完成序幕、主场景和谢幕三个场景。

7.2.1　序幕

1. 修改场景名称

(1) 执行"窗口"|"其他面板"|"场景"菜单命令,如图 7-4 所示,打开"场景"面板。

图 7-4　"场景"菜单命令

（2）在"场景"面板中，双击场景名称，将名称修改为"序幕"，当前场景的名称即为"序幕"。

2. 导入背景图片

（1）执行"文件"|"导入"|"导入到库"菜单命令，选择要导入的素材图片"bg01.gif"，单击"打开"按钮，该图片即保存在库中，如图7-5所示。

（2）将库中该图片拖曳到场景"序幕"中（图片也可以直接导入到舞台）。

（3）执行"窗口"|"对齐"菜单命令，打开"对齐"面板，使得该图片相对于舞台水平中齐，垂直居中分布，如图7-6所示。

图7-5　导入到库

图7-6　设置对齐方式

3. 新增图层

（1）单击"时间轴"面板左下方"新建图层"按钮，如图7-7所示，增加一个新图层。

（2）双击图层1，重命名为"背景"，双击图层2，重命名为"写字"。

4. 添加写字动画

（1）打开制作好的文件"羽毛写字.fla"，将该文档"库"面板中的"羽毛字"影片剪辑元件复制粘贴至"序幕"场景中，如图7-8所示。

图7-7　新建图层

（2）将"库"面板中"羽毛字"影片剪辑元件拖曳至"写字"图层第1帧。

（3）在"写字"图层第110帧处按F5键，插入普通帧。

（4）在"背景"图层第110帧处按F6键，插入关键帧，使背景图像停留时间与写字动画时间长度相同。

5. 保存和测试文档

执行"文件"|"保存"菜单命令，保存文档；执行"控制"|"测试场景"菜单命令，查看"序幕"场景的播放效果，如图7-9所示。

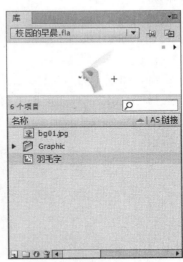

图 7-8　添加写字动画

图 7-9　"序幕"场景

7.2.2　主场景

1. 插入新场景

新建场景，重命名为"主场景"，如图 7-10 所示。

2. 编辑主场景

在"校园的早晨.fla"的主场景中添加图层及动画内容。

（1）蓝天。

① 重命名图层 1 为"蓝天"。

② 选择"工具箱"中的"矩形工具"。

③ 在"颜色"面板中设置线条颜色为无，内部填充颜色模式为"线性渐变"，颜色设置如图 7-11 所示。

图 7-10　新建并重命名场景

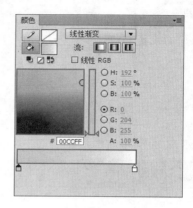

图 7-11　线性渐变填充

④ 在舞台上绘制矩形，并在"属性"面板中设置宽为"800"，高为"600"。

⑤ 打开"对齐"面板，设置矩形图形相对于舞台"水平中齐"，"垂直居中分布"，如图 7-12 所示。

图 7-12　设置大小和位置

⑥ 选择"工具箱"中的"渐变变形工具"，调整填充颜色顺时针旋转 90°，并缩小填充范围，如图 7-13 所示。

（2）青山。

① 锁住"蓝天"图层，对其进行保护。

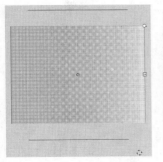 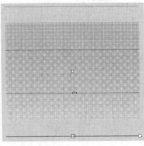

图 7-13　调整填充颜色

② 新建图层,命名为"青山",如图 7-14 所示。

③ 选择"工具箱"中的"铅笔工具",铅笔模式设置为"平滑模式"。

图 7-14　新建"青山"图层

④ 在舞台上绘制出青山和草地的基本轮廓,并使用选择工具进行调整,保证图形是闭合的。

⑤ 选择"工具箱"中的"颜料桶工具"。

⑥ 在"颜色"面板中设置填充模式为"纯色",如图 7-15 所示,对闭合图形进行填充。

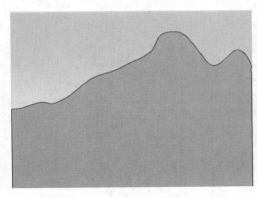 

图 7-15　填充青山

⑦ 选择"工具箱"中的"铅笔工具",在青山高处绘制出不规则的闭合形状。

⑧ 使用更深的绿色进行填充,作为青山的阴影。

⑨ 鼠标单击线条,按 Delete 键删除,如图 7-16 所示。

(3) 教学楼。

① 锁住"青山"图层。

② 新建图层,命名为"教学楼"。

③ 打开第 4 章制作的"教学楼.fla"文档,从"库"面板中复制图形元件"组合教学楼"到当前文档的库中。

④ 在"库"面板中拖曳"组合教学楼"图形元件至"教学楼"图层的第 1 帧处。

⑤ 调整"教学楼"在舞台中实例的大小及位置,如图 7-17 所示。

131

图 7-16　添加阴影

图 7-17　增加教学楼图形

（4）道路。

① 锁住"教学楼"图层。

② 新建图层，命名为"道路"。

③ 打开第 4 章制作的"道路.fla"文档，从"库"面板中复制图形元件"道路"到当前文档的库中。

④ 在"库"面板中拖曳两次"道路"图形元件至"道路"图层的第 1 帧处。

⑤ 调整"道路"在舞台中实例的大小及位置，如图 7-18 所示。

图 7-18　添加道路图形

（5）湖。

① 锁住"道路"图层。

② 新建图层，命名为"湖"。

③ 选择"工具箱"中的"椭圆工具"。

④ 在"颜色"面板中设置线条颜色为无，填充模式为"线性渐变"，颜色设置如图 7-19 所示。

⑤ 在"湖"图层第 1 帧处拖曳鼠标画出湖的图形，如图 7-19 所示。

⑥ 选择"工具箱"中的"任意变形工具"，在选项中单击"封套"按钮，修改湖图形，如图 7-20 所示。

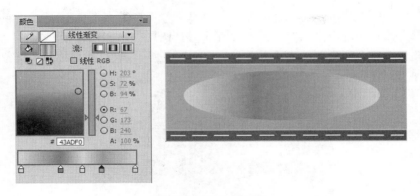

图 7-19 绘制湖图形

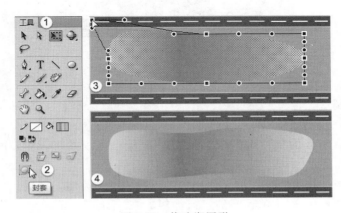

图 7-20 修改湖图形

⑦ 选择"工具箱"中的"渐变变形工具",调整图形的色彩填充角度,如图 7-21 所示。

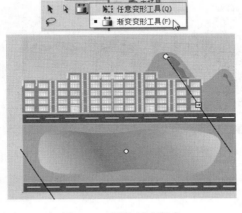

图 7-21 调整填充颜色

（6）树。

① 锁住"湖"图层。

② 新建图层,命名为"树"。

③ 打开第 4 章制作的"树木.fla"文档,从"库"面板中拖曳图形元件"树"到当前文档的

库中。

④ 在"库"面板中拖曳多次"树"图形元件至"树"图层的第 1 帧处。

⑤ 调整树在舞台中实例的大小及位置,如图 7-22 所示,缺口处是桥的预留位置。

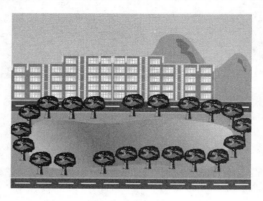

图 7-22　添加树木

（7）桥。

① 锁住"树"图层。

② 新建图层,命名为"桥"。

③ 打开第 4 章制作的"桥.fla"文档,从"库"面板中拖曳图形元件"桥"到当前文档的库中。

④ 在"库"面板中拖曳"桥"图形元件至"桥"图层的第 1 帧处。

⑤ 调整桥在舞台中实例的大小及位置,如图 7-23 所示。

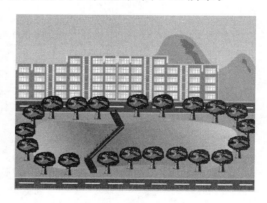

图 7-23　添加桥图形

（8）云朵。

① 锁住"桥"图层。

② 新建图层,命名为"云朵",在第 160 帧处插入空白关键帧。

③ 打开第 4 章制作的"云彩飘动.fla"文档,从"库"面板中拖曳影片剪辑元件"云彩飘动"到当前文档的库中。

④ 在"库"面板中拖曳"云彩飘动"影片剪辑元件至"云朵"图层的第 160 帧处。

⑤ 调整云朵在舞台中实例的大小及位置。

主场景中静物添加结束,至此共有 8 个图层,图层名称及位置如图 7-24 所示,保存文档。

图 7-24　图层名称及位置

(9) 非洲雁。

① 锁住"云朵"图层。

② 新建图层,位于"湖"图层之上"树"图层之下,命名为"非洲雁"。

③ 打开第 4 章制作的"非洲雁.fla"文档,从"库"面板中拖曳图形元件"非洲雁"到当前文档的库中。

④ 在"非洲雁"图层第 260 帧处插入空白关键帧,在"库"面板中拖曳多次"非洲雁"图形元件至"非洲雁"图层的第 1 帧处。

⑤ 调整若干个实例在舞台的大小及位置。

⑥ 在"非洲雁"图层第 500 帧处插入关键帧,鼠标右击第 260～500 帧之间的任意一帧,从弹出的快捷菜单中选择"创建传统补间"命令,制作出非洲雁在湖面缓慢游动的效果。

(10) 下雨效果。

① 锁住"非洲雁"图层。

② 新建图层,位于"非洲雁"图层之上"树"图层之下,命名为"雨"。

③ 打开第 6 章制作的"下雨.fla"文档,从"库"面板中拖曳影片剪辑元件"下雨"到当前文档的库中。

④ 在"库"面板中新建文件夹,重命名为"雨",将与下雨动画有关的图形元件和影片剪辑元件拖入文件夹内。

⑤ 在"库"面板中拖曳多次"下雨"影片剪辑元件至"雨"图层的第 1 帧处。

⑥ 调整若干个实例在舞台上的大小及位置,如图 7-25 所示。

⑦ 保存文档,执行"控制"|"测试场景"菜单命令,动画效果如图 7-26 所示。

7.2.3　谢幕

1. 插入场景

执行"窗口"|"其他面板"|"场景"菜单命令,新增一个场景,重命名为"谢幕",如图 7-27 所示。

2. 导入背景图片

(1) 执行"文件"|"导入"|"导入到库"菜单命令,选择要导入的素材图片"bg02.gif",单击"打开"按钮,该图片即保存在库中。

图 7-25　元件的应用实例

图 7-26　下雨效果

（2）将库中该图片拖曳到场景"谢幕"图层 1 的第 1 帧，并调整图片的中心点与舞台中心点水平中齐，垂直分散对齐（方法可借鉴"序幕"场景）。

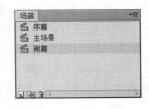

图 7-27　场景名称

3. 新增图层

（1）单击"时间轴"面板左下方"新建图层"按钮，增加一个新图层。

（2）双击图层 1，重命名为"背景"，双击图层 2，重命名为"文字"。

4. 添加文字动画

（1）打开制作好的文件"彩色波浪文字.fla"，将该文档"库"面板中的"彩色波浪文字"影片剪辑元件复制粘贴至"谢幕"场景中。

（2）将"库"面板中"彩色波浪文字"影片剪辑元件拖曳至"文字"图层第 1 帧。

（3）在"文字"图层第 110 帧处按 F5 键，插入普通帧。

（4）在"背景"图层第 110 帧处按 F6 键，插入关键帧，使背景图像停留时间与写字动画时间长度相同。

5. 保存和测试文档

执行"文件"|"保存"菜单命令，保存文档；执行"控制"|"测试场景"菜单命令，查看"谢幕"场景的播放效果，如图 7-28 所示。

图 7-28　"谢幕"场景

7.2.4　"库"面板的整理

到此，在"校园的早晨.fla"文件的"库"面板中加入了非常多的元件，"库"面板显得冗长和凌乱，需要对"库"面板进行整理，以方便后面的使用。在实际应用中要随着文件的不断编辑随时对"库"面板进行整理。

（1）在"库"面板中，单击"新建文件夹"按钮。

（2）将文件夹重命名为"羽毛写字"。

（3）将与羽毛写字动画有关的图形元件和影片剪辑元件拖入文件夹内。

（4）同上，分别新建文件夹并重命名为"木桥""教学楼""大树"，整理图形元件和影片剪辑元件到文件夹中，如图7-29所示。

（5）按Ctrl＋S组合键保存文件。

图7-29　整理"库"面板

思考与练习

1. 单选题

（1）在Flash中，查看特定场景的方法是（　　　）。

　　A. 选择菜单栏中的"窗口"|"设计面板"|"场景"命令，然后选择场景名字

　　B. 选择菜单栏中的"窗口"|"其他面板"|"场景"命令，然后选择场景名字

　　C. 选择菜单栏中的"插入"|"场景"命令

　　D. 单击"场景"面板中的"时间轴"按钮

（2）在Flash时间轴上，选取连续的多帧或选取不连续的多帧时，分别需要按下（　　　）键后，再使用鼠标进行选取。

　　A. Shift、Alt　　　　　B. Shift、Ctrl　　　　C. Ctrl、Shift　　　　D. Esc、Tab

（3）下列说法正确的是（　　　）。

　　A. 在制作电影时，背景层将位于时间轴的最底层

　　B. 在制作电影时，背景层将位于时间轴的最高层

　　C. 在制作电影时，背景层将位于时间轴的中间层

　　D. 在制作电影时，背景层可以位于任何层

2. 多选题

（1）Flash制作过程中可以导入的媒体有（　　　）。

　　A. 图像　　　　　　B. 音频　　　　　　　C. 视频　　　　　　D. 文本

(2) 关于图层,描述正确的是(　　　)。

    A. 图层可以通过拖动,改变上下层位置

    B. 图层上下层有层次关系,是上层遮挡下层,所以背景在最下面一层

    C. 图层上下层有层次关系,是下层遮挡下层,所以背景在最上面一层

    D. 图层也可以删除、重命名

3. 判断题

(1) 场景制作完成后,会按场景排列的顺序播放动画。   (　　)

(2) Flash 中的图层可以被复制,图层中的帧也可以被复制。   (　　)

(3) 保存当前文件的快捷键是 Ctrl+S。   (　　)

第8章 按钮和按钮控制

按钮元件的图标为 ，它主要用于创建动画的交互控制按钮，以响应鼠标事件（如单击、释放和划过等）。按钮有"弹起""指针经过""按下"和"点击"4 个不同的状态帧，如图 8-1 所示。4 个状态帧的作用如下。

图 8-1　按钮元件的时间轴

（1）"弹起"帧的内容代表指针没有经过按钮时该按钮的状态。

（2）"指针经过"帧的内容代表指针划过按钮时该按钮的外观。

（3）"按下"帧的内容代表单击按钮时该按钮的外观。

（4）"点击"帧的内容限定着响应鼠标单击的区域，此区域在输出文件中是不可见的。

用户可以分别在按钮的不同状态帧上创建不同的内容，既可以是静止图形，也可以是影片剪辑，而且可以给按钮添加时间的交互动作，使按钮具有交互功能。

8.1　制作按钮元件

8.1.1　开始按钮

任务：制作开始按钮，包括"弹起""指针经过""按下"和"点击"4 个状态，完成后效果如图 8-2 所示。

图 8-2　开始按钮

1. 新建文档

（1）启动 Flash CS6，新建一个 ActionScript 3.0 文档，然后执行"修改"|"文档"菜单命令，打开"文档设置"对话框，设置"尺寸"为 800 像素（宽度）×600 像素（高度）。

（2）执行"文件"|"保存"菜单命令，打开"另存为"对话框，将文档存储为"控制按钮.fla"。

2．绘制按钮

（1）选择工具箱中"矩形工具"，设置填充颜色为无，笔触颜色为"♯A1A1A1"，选择"对象绘制模式"。

（2）打开"属性"面板，将矩形边角半径设置为"6"，绘制一个无填充色的圆角矩形，宽度为"112"，高为"41"，如图8-3所示。

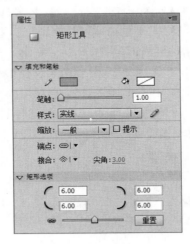

图8-3　参数设置

（3）将矩形图形复制两份，一个缩小放在上面，一个调整位置，执行"排列"|"下移一层"命令，置于低层。

（4）选择工具箱中"基本矩形工具"，设置填充颜色为"无"，笔触颜色为"♯A1A1A1"，绘制一个矩形，调整大小和位置，效果如图8-4所示。

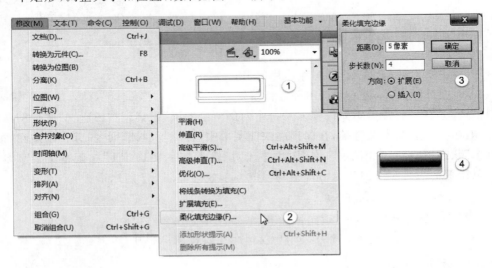

图8-4　图形位置调整

（5）为图形着色。将底层矩形填充颜色设为"♯CCCCCC"，并执行菜单栏中的"修改"|"形状"|"柔化填充边缘"命令，在弹出的对话框中将距离设为"5"，步骤数设为"4"，执行两

次,将上层的两个矩形填充为黑白渐变色,效果如图8-4所示。

3. 转换为影片剪辑元件

(1)将所有图形复制一份,将其中一份选中后单击鼠标右键,在弹出的快捷菜单中选择"转换为元件"命令,命名为"开始按钮";另一份则转换为影片剪辑元件命令,命名为"动态效果",如图8-5所示。

(2)双击影片剪辑元件,进入元件内部进行编辑,将最底层作为投影的矩形选中并按Ctrl+X组合键剪切,新建"图层2"并重命名为"投影"层,将该图层移至"图层1"下,按Shift+Ctrl+V组合键执行"粘贴到当前位置"命令。在第5帧与第11帧处分别插入关键帧,选中第5帧,使用"任意变形工具"将投影图形调大。在第1帧与第5帧之间任意一帧处单击鼠标右键,在弹出的快捷菜单中选择"创建补间形状"命令;在第5帧与第11帧之间任意一帧处单击鼠标右键,在弹出的快捷菜单中选择"创建补间形状"命令。选中"图层1"的第11帧,将该层延续到第11帧,如图8-6所示。

图8-5 转换为元件

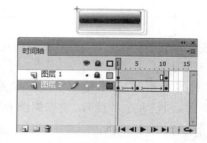

图8-6 创建补间形状

(3)双击空白处,返回场景,删除影片剪辑元件。

(4)双击按钮元件,进入元件内部进行编辑,在"指针经过"状态下,插入空白关键帧,从库中将"动态效果"影片剪辑元件拖入舞台中,打开"绘图纸"工具,与"弹起"帧按钮图形对齐位置。右击"弹起"状态关键帧,在弹出的快捷菜单中选择"复制帧"命令,分别粘贴到"按下"和"点击"状态下。新建"图层2",使用"文本工具"输入文字"START"并调整文字字体和大小,颜色设置为"#FFFFFF",Alpha值为"100%",效果如图8-7所示。

(5)双击舞台空白处返回场景。

4. 保存和测试影片

按Ctrl+S组合键保存影片,按Ctrl+Enter组合键测试影片。

8.1.2 重播按钮

任务:利用8.1.1节制作的开始按钮快速制作重播按钮,完成后效果如图8-8所示。

1. 创建开始按钮

(1)打开8.1.1节制作的"控制按钮.fla"文档。

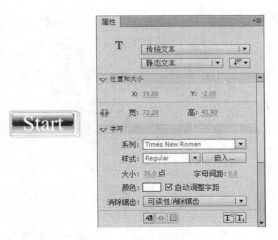

图 8-7　按钮效果

图 8-8　重播按钮

　　(2) 在"库"面板中选择按钮元件"开始按钮"并单击鼠标右键,在弹出的快捷菜单中选择"直接复制"命令。

　　(3) 在弹出的"直接复制元件"对话框中,将元件名称改为"重播按钮",单击"确定"按钮,如图 8-9 所示。

图 8-9　直接复制元件

　　(4) 在"库"面板中显示出一个新的按钮元件"重播按钮",双击按钮元件进入按钮编辑状态。

2. 编辑重播按钮

　　(1) 单击图层 2 的弹起帧,将"Start"文字改为"Again",可对"Again"文字进行处理,添加滤镜或者填充其他颜色,如图 8-10 所示。

图 8-10　添加滤镜

(2) 复制图层 2 的"弹起"帧,并粘贴给"指针经过""按下"和"点击"帧。

3. 保存和测试影片

按 Ctrl＋S 组合键保存影片,按 Ctrl＋Enter 组合键测试影片。

8.2　按钮控制影片交互播放

任务:本节的任务是应用动作脚本,通过按钮实现影片中"序幕""主场景""谢幕"场景之间的跳转控制,完成后效果如图 8-11 所示。

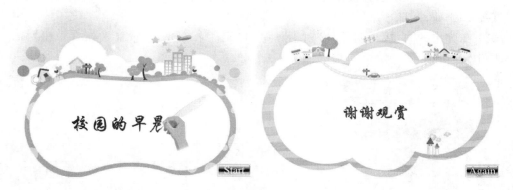
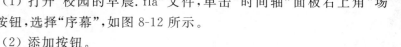

图 8-11　场景效果图

8.2.1　为开始按钮添加动作

1. 为"序幕"场景添加"开始"按钮

(1) 打开"校园的早晨.fla"文件,单击"时间轴"面板右上角"场景"按钮,选择"序幕",如图 8-12 所示。

图 8-12　切换场景

(2) 添加按钮。

① 新建图层,命名为"按钮",并将该图层位于最上层。

② 打开"控制按钮.fla"文档,从"库"面板复制"开始按钮"元件,粘贴至"校园的早晨.fla"文件的"库"中。

③ 在"按钮"图层第 110 帧处单击鼠标右键,从弹出的快捷菜单中选择"插入空白关键"菜单命令。

④ 拖曳"开始按钮"至"序幕"场景"按钮"图层第 110 帧的舞台上,调整位置及大小,如图 8-13 所示。

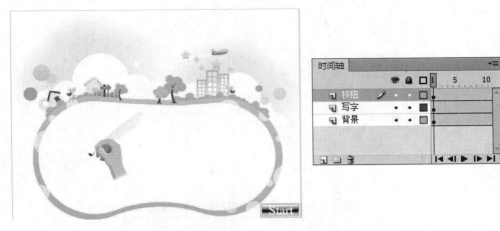

图 8-13　添加按钮

2．为"开始"按钮添加动作脚本

（1）选择"开始"按钮并单击鼠标右键,在弹出的快捷菜单中选择"动作"选项,打开"动作"面板（也可以通过"窗口"菜单打开"动作"面板）,如图 8-14 所示。

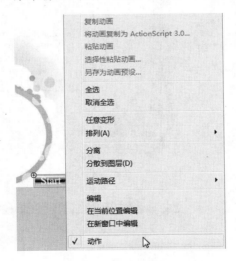

图 8-14　快捷菜单命令

（2）在"动作"面板中单击"代码片段"按钮,如图 8-15 所示。

（3）选择"时间轴导航"文件夹,双击"在此帧处停止",自动添加代码,如图 8-16 所示。

（4）选中"开始"按钮,仍然打开代码片段,双击时间轴导航的"单击以转到场景并播放"。

（5）修改代码中跳转目标场景的名称为"主场景",如图 8-17 所示。

语句的含义是当释放"开始"按钮时,影片跳转到"主场景"的第 1 帧,开始播放。

（6）"时间轴"面板自动创建图层"Actions",如图 8-18 所示。

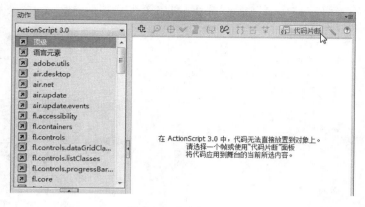

图 8-15 "动作"面板

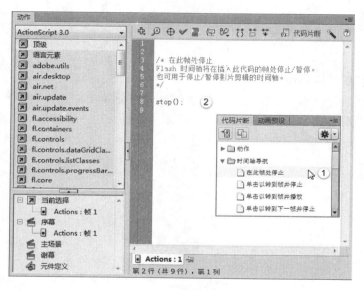

图 8-16 在此帧处停止

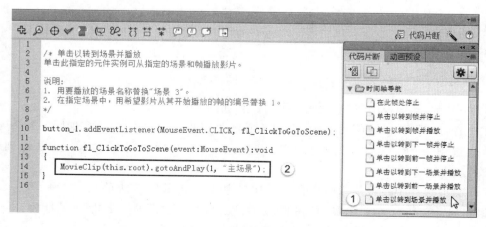

图 8-17 添加跳转动作

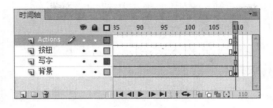

图 8-18　自动生成"Actions"图层

用相同的办法为"谢幕"场景的"重播"按钮添加动作,实现从其他场景切换到"序幕"场景的功能,操作步骤略。

8.2.2　为重播按钮添加动作

1. 为"谢幕"场景添加"重播"按钮

（1）打开"校园的早晨.fla"文件,单击"时间轴"面板右上角的"场景"按钮,选择"谢幕",如图 8-19 所示。

（2）添加按钮。

① 新建图层,命名为"按钮",并将该图层位于最上层。

② 打开"控制按钮.fla"文档,从"库"面板复制"重播按钮"元件,粘贴至"校园的早晨.fla"文件到"库"中。

③ 在"按钮"图层第 110 帧处插入空白关键帧。

图 8-19　切换场景

④ 拖曳"重播按钮"至"按钮"图层第 110 帧的舞台上,调整位置及大小（详细步骤可参考"开始按钮"）。

2. 为"重播按钮"添加动作脚本

（1）选择"重播按钮"并单击鼠标右键,在弹出的快捷菜单中选择"动作"选项,打开"动作"面板。

（2）在"动作"面板中单击"代码片段"。

（3）选择"时间轴导航"文件夹,双击"在此帧处停止",自动添加代码。

（4）选中"重播"按钮,仍然打开代码片段,双击时间轴导航的"单击以转到场景并播放"。

（5）修改代码中跳转目标场景的名称为"主场景"。

语句的含义是当释放"重播"按钮时,影片跳转到"主场景"的第 1 帧,重新开始播放。

思考与练习

1. 单选题

（1）给按钮元件的不同状态附加声音,要在单击时发出声音,则应该在（　　）帧下创建一个关键帧。

　　A. 弹起　　　　　　　B. 指针经过　　　　　C. 按下　　　　　　D. 点击

（2）关于 Flash 中的按钮元件,下列描述正确的是（　　）。

　　A. 在 Flash 中只有按钮可以接收鼠标事件并进行交互

  B. 按钮元件中"点击"帧的作用是确定按钮的有效点击范围

  C. 按钮元件的 4 个状态帧都不许不为空

  D. 如果按钮元件的"点击"帧为空,则按钮无法正常工作

(3) 下列(　　)不算按钮元件的帧。

  A. 弹起　　　　　　B. 指针经过　　　　C. 动画　　　　D. 点击

2. 多选题

如果要创建一个动态按钮,至少需要(　　)元件。

A. 图形　　　　　B. 按钮　　　　C. 影片剪辑　　　D. 动画

3. 判断题

(1) 在 Flash 舞台中,按钮内的影片剪辑是看不到的。   (　　)

(2) 在 Flash 文档中使用元件可以显著减小文件的大小。   (　　)

第9章　路径引导层动画制作

　　利用前面的基本动画制作技术已经可以制作一个对象由某一点移动到另一点的动画，但这个移动只能是直线的。实际生活中有很多物体不会只是沿直线运动，所以 Flash 提供了一种可以制作不规则路线运动的动画制作技术，这就是路径引导动画。引导层动画对于制作具有特定运动轨迹或者运动轨迹无规律的动画非常有意义，掌握并灵活运用引导层动画制作技术有利于制作更精彩的 Flash 动画。

9.1　引导层动画原理

　　引导层动画是在引导层上绘制线条作为被引导层上元件的运动轨迹，从而实现元件沿着指定路径运动的动画效果。因此引导层动画至少需要两个图层，上面的图层是运动引导层，层内放运动的轨迹，动画播放时是看不到的；下面的图层是被引导层，层内要放运动的元件。如图 9-1 所示是一个简单的引导层动画，小球沿着弧线运动。

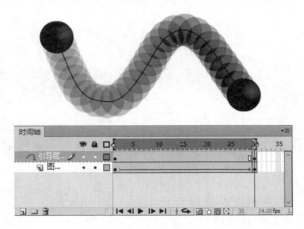

图 9-1　小球的运动轨迹

　　引导层起到辅助静态对象定位的作用，无须使用被引导层，可以单独使用，引导层中的内容不会被输出，作用类似于辅助线；而运动引导层的作用是设置对象运动的路径，使被引导层中的对象沿着路径运动，运动引导层上的路径在播放动画时不显示。要创建沿着任意轨迹运动的动画就需要添加运动引导层，但创建运动引导层动画时要求被引导层是传统补间动画，补间形状动画不可用。在 Flash CS6 中，新增的补间动画可以制作出类引导层动画。

　　在 Flash CS6 中，创建运动引导层通常有以下两种方法。

1. 直接添加运动引导层

在"时间轴"面板中选择需要添加运动引导层的图层，然后单击鼠标右键，在弹出的快捷菜单中选择"添加传统运动引导层"命令,如图 9-2 所示,这样就为选中的图层添加了运动引导层。

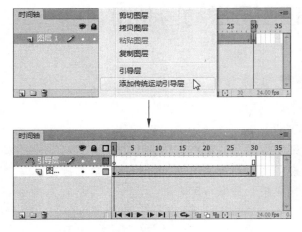

图 9-2　添加运动引导层

2. 把引导层转换为运动引导层

选择"时间轴"面板中需要设置为运动引导层的图层,参照前面介绍的引导层的建立,先把一般图层转换为引导层。此时创建的引导层还不能制作运动引导层动画,只有将其下面的图层转换为被引导层后,才能开始制作运动引导层动画。操作步骤是:选择引导层下方的需要设为被引导层的各图层(可以是单个图层,也可以是多个图层),按住鼠标左键将其拖曳到运动引导层的下方,可以将其快速转换为被引导层。这样一个引导层可以添加多个被引导层,如图 9-3 所示。

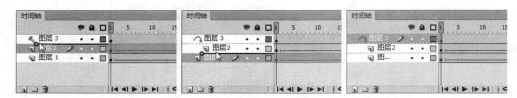

图 9-3　转换为运动引导层

被引导层的动画是对象的中心点沿轨迹运行。所以,一般在添加补间时,要在补间的"属性"面板上设置"贴紧"和"调整路径",才能使得物体的运行效果更好,如图 9-4 所示。

图 9-4　补间帧属性设置

9.2　制作引导层动画

　　进行路径引导动画的制作，完成太阳升起，野鸭、蜻蜓、蝴蝶沿不规则的路径飞舞的效果。

9.2.1　制作太阳升起引导层动画

　　任务：本节的任务是制作"阳光照射"影片剪辑元件沿路径缓慢升起的动画，小雨过后，太阳东升，天空颜色随之变化的动画效果如图9-5所示。

图9-5　阳光照射效果

　　1. 准备工作

　　（1）打开第6章完成的文件"阳光照射.fla"。

　　（2）从"库"面板中复制影片剪辑元件"阳光照射"，粘贴到"校园的早晨"文档的库中。

　　（3）在"库"面板中新建文件夹，重命名为"太阳升起"，将与太阳升起动画有关的图形元件和影片剪辑元件拖入文件夹内，如图9-6所示。

　　2. 添加图层及帧

　　（1）新建图层，命名为"太阳"，使其位于"蓝天"图层之上"青山"图层之下。

　　（2）在"太阳"图层第120帧处插入空白关键帧，在"蓝天"图层第120帧处插入关键帧，其他图层则在第120帧处插入普通帧，如图9-7所示。

152

图 9-6　管理元件

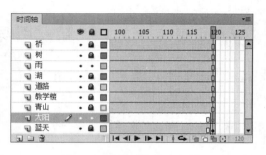

图 9-7　增加时间轴上的帧

（3）在"库"面板中拖曳"阳光照射"影片剪辑元件至"太阳"图层的第 120 帧处，设置青山图层显示轮廓，调整太阳的位置及尺寸。

3．制作引导层路径动画

（1）新建引导层。

① 在"太阳"图层上单击鼠标右键，从弹出的快捷菜单中选择"添加传统运动引导层"命令，"太阳"图层上方新增一个引导层，如图 9-8 所示。

图 9-8　新建引导层

② 在引导层第 120 帧处插入空白关键帧。

（2）添加引导层动画。

① 选择"工具箱"中的"线条工具"。

② 在舞台上绘制出一条直线。

③ 选择"工具箱"中的"选择工具"，调整直线为弧线。

④ 将第 120 帧处太阳图形的中心点对准线条的起点，如图 9-9 所示。

⑤ 分别在"太阳"图层和引导层的第 200 帧处插入关键帧。

⑥ 将"太阳"图层第 200 帧处太阳图形的中心点对准线条的终点。

⑦ 鼠标右键单击"太阳"图层第 120 帧与第 200 帧之间任意一帧，在弹出的快捷菜单中选择"创建传统补间"菜单命令。

4．形状补间动画

（1）在"蓝天"图层第 200 帧处单击鼠标右键，在弹出的快捷菜单中选择"插入关键帧"

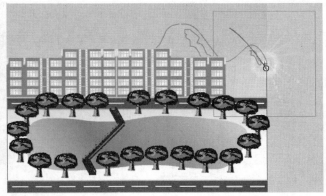

图 9-9　添加引导路线

菜单命令。

（2）选择"工具箱"中的"颜料桶工具"。

（3）在"颜色"面板中保持填充颜色的填充模式为"线性渐变"，从左到右两个色标的值分别为"＃3369FA"和"＃66EEFF"，如图 9-10 所示。

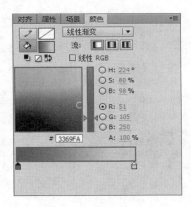

图 9-10　调整天空的填充颜色

（4）对天空部分的颜色重新填充，并调整填充色的渐变。

（5）鼠标右键单击"蓝天"图层第 120 帧与第 200 帧之间任意一帧，在弹出的快捷菜单中选择"创建形状补间"命令，如图 9-11 所示。

（6）执行"控制"|"测试场景"菜单命令，测试该场景的播放效果。

9.2.2　制作野鸭飞引导层动画

任务：本节的任务是制作"野鸭飞"影片剪辑元件沿路径飞的动画，野鸭沿路径飞的效果如图 9-12 所示。

1．打开文档

（1）打开第 6 章完成的文件"野鸭飞.fla"。

（2）从"库"面板中复制影片剪辑元件"野鸭飞"，粘贴到"校园的早晨"文档的库中。

（3）在"库"面板中新建文件夹，重命名为"野鸭"，将与野鸭动画有关的图形元件和影片

153

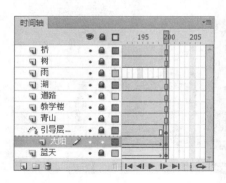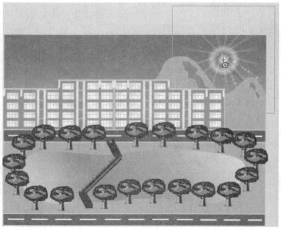

图 9-11　创建形状补间

图 9-12　野鸭飞引导层效果图

剪辑元件拖入文件夹内，如图 9-13 所示。

2. 添加图层及帧

（1）新建图层，命名为"野鸭"，使其位于"桥"图层之上。

（2）在"野鸭"图层第 160 帧处插入空白关键帧。

（3）添加"野鸭"影片剪辑元件在舞台的实例。

① 在"库"面板中拖曳"野鸭飞"影片剪辑元件至"野鸭"图层的第 160 帧处。

② 执行"修改"|"变形"|"水平翻转"菜单命令,调整实例的朝向,本例中野鸭自左向右飞。

③ 选择"工具箱"中"任意变形工具"调整实例的尺寸。

3. 制作引导层路径动画

(1)新建引导层。

① 在"野鸭"图层上单击鼠标右键,从弹出的快捷菜单中选择"添加传统运动引导层"命令,"野鸭"图层上方新增一个引导层,如图9-14所示。

图9-13 管理元件

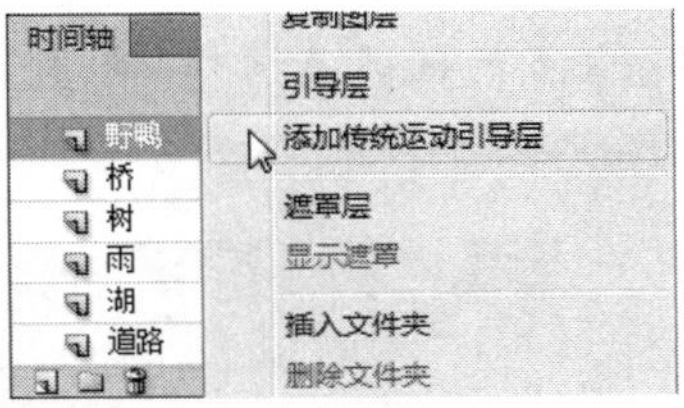

图9-14 增加图层和空白关键帧

② 在引导层第160帧处插入空白关键帧。

(2)添加引导路径。

① 选择"工具箱"中的"铅笔工具",铅笔模式设置为"平滑模式"。

② 在舞台上绘制出一条曲线。

③ 选择"工具箱"中的"选择工具",调整弧线。

(3)创建引导层动画。

① 将第160帧处野鸭图形的中心点对准线条的起点,并使用"任意变形工具"调整野鸭角度,如图9-15所示。

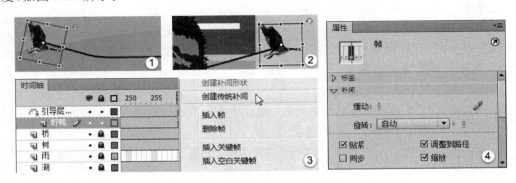

图9-15 创建运动引导层动画

② 分别在"野鸭"图层和引导层的第 260 帧处插入关键帧。

③ 将"野鸭"图层第 260 帧处野鸭图形的中心点对准线条的终点,并使用"任意变形工具"调整野鸭角度,如图 9-15 所示。

④ 鼠标右键单击"太阳"图层第 160 帧与第 260 帧之间任意一帧,在弹出的快捷菜单中选择"创建传统补间"菜单命令,如图 9-15 所示。

⑤ 在"属性"面板中勾选"调整到路径"复选框,使得野鸭在沿路径飞的过程中随着路径的弧线调整身体倾斜角度,如图 9-15 所示。

⑥ 在其他相关图层(除"雨"图层外)的第 260 帧处插入普通帧。

4. 测试动画效果

执行"控制"|"测试场景"菜单命令,测试该场景的播放效果。

为了丰富动画内容,可重复本节方法添加多个野鸭飞引导层动画,此处不再赘述。

9.2.3 制作蜻蜓飞引导层动画

任务:本节的任务是制作"蜻蜓飞"影片剪辑元件沿路径飞的动画,蜻蜓沿路径飞的效果如图 9-16 所示。

图 9-16   蜻蜓飞引导层效果图

1. 打开文档

(1) 打开第 6 章完成的文件"蜻蜓单飞.fla"。

(2) 从"库"面板中复制影片剪辑元件"蜻蜓展翅",粘贴到"校园的早晨"文档的库中。

(3) 在"库"面板中新建文件夹,重命名为"蜻蜓",将与蜻蜓动画有关的图形元件和影片剪辑元件拖入文件夹内,如图 9-17 所示。

2. 添加图层及帧

新建两个图层,分别命名为"蜻蜓 1"和"蜻蜓 2",使其位于"雨"图层之上。

3. 制作引导层路径动画

(1) 新建引导层。

① 在"蜻蜓 2"图层上单击鼠标右键,从弹出的快捷菜单中选择"添加传统运动引导层"命令,"蜻蜓 2"图层上方新增一个引导层。

② 鼠标单击并向右上方拖曳"蜻蜓 1"图层图标,使其也被引导层引导,如图 9-18 所示。

(2) 绘制路径。

① 在"引导层""蜻蜓 1"和"蜻蜓 2"图层的第 260 帧处分别插入空白关键帧。

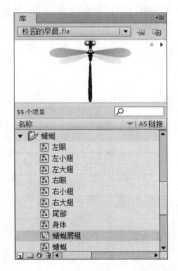

图 9-17　增加与蜻蜓相关的元件图

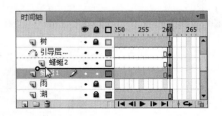

图 9-18　添加引导路径

　　② 选择"工具箱"中"铅笔工具"，铅笔模式设置为"平滑模式"，在引导层中绘制出两条曲线。

　　(3) 添加引导层动画。

　　① 从"库"面板中拖曳两次"蜻蜓展翅"影片剪辑元件到相应的图层中。

　　② 选择"工具箱"中"任意变形工具"调整尺寸。

　　③ 选择"工具箱"中"选择工具"。

　　④ 分别调整两个蜻蜓图形的中心点位于路径的起点处，并使用"任意变形工具"调整蜻蜓角度，如图 9-19 所示。

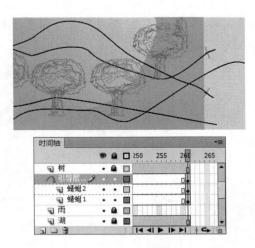

图 9-19　绘制路径

　　⑤ 在"引导层"、"蜻蜓 1"和"蜻蜓 2"图层的第 500 帧处分别插入关键帧。

　　⑥ 调整"蜻蜓 1"和"蜻蜓 2"图层的第 500 帧中蜻蜓图形的中心点，使其对准线条的终点，并使用"任意变形工具"调整蜻蜓角度。

⑦ 鼠标右键单击"蜻蜓1"图层第260帧与第500帧之间任意一帧,在弹出的快捷菜单中选择"创建传统补间"菜单命令。

⑧ 在"属性"面板中勾选"调整到路径"复选框,使得蜻蜓在沿路径飞的过程中随着路径的弧线调整身体倾斜角度。

⑨ "蜻蜓2"图层的传统补间动画制作步骤参考"蜻蜓1"图层。

4. 测试动画效果

执行"控制"|"测试场景"菜单命令,测试该场景的播放效果。

为了保证蜻蜓严格按照路径行进,可在第260帧与第500帧之间插入若干个关键帧,并调整蜻蜓的中心始终位于路径上,如图9-20所示。

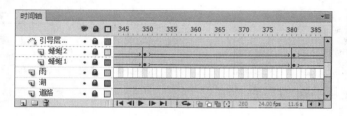

图 9-20　增加关键帧数量

9.2.4　制作蝴蝶飞引导层动画

任务：本节的任务是制作"蝴蝶飞"影片剪辑元件沿路径飞的动画,蝴蝶沿路径飞的效果如图9-21所示。

1. 打开文档

(1) 打开第6章完成的文件"蝴蝶飞.fla"。

(2) 从"库"面板中复制影片剪辑元件"蝴蝶单飞",粘贴到"校园的早晨"文档的库中。

(3) 在"库"面板中新建文件夹,重命名为"蝴蝶",将与蝴蝶动画有关的图形元件和影片剪辑元件拖入文件夹内,如图9-22所示。

图 9-21　蝴蝶飞效果图　　　　　图 9-22　新增元件

2. 添加图层及帧

新建两个图层，分别命名为"蝴蝶1"和"蝴蝶2"，使其位于"雨"图层之上。

3. 制作引导层路径动画

（1）新建引导层。

① 在"蝴蝶2"图层上单击鼠标右键，从弹出的快捷菜单中选择"添加传统运动引导层"命令，"蝴蝶2"图层上方新增一个引导层。

② 鼠标单击并向右上方拖曳"蝴蝶1"图层图标，使其也被引导层引导（参考蜻蜓飞引导路径动画）。

（2）绘制路径。

① 在"引导层""蝴蝶1"和"蝴蝶2"图层的第280帧处分别插入空白关键帧。

② 选择"工具箱"中"铅笔工具"，铅笔模式设置为"平滑模式"，在引导层中绘制出两条曲线。

（3）添加引导层动画。

① 从"库"面板中拖曳两次"蝴蝶展翅"影片剪辑元件到相应的图层中。

② 调整两个蝴蝶实例的尺寸及位置。

③ 单击"蝴蝶1"图层的实例，单击"属性"面板"色彩效果"分类中"样式"下拉列表，从中选择"色调"选项，设置颜色如图9-23所示，使得两只蝴蝶颜色不同。

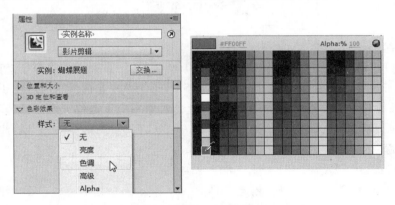

图 9-23   更改实例色调

④ 分别调整两只蝴蝶图形的中心点位于路径的起点处，并使用"任意变形工具"调整蝴蝶角度，如图9-24所示。

⑤ 在"引导层"、"蝴蝶1"和"蝴蝶2"图层的第520帧处分别插入关键帧。

⑥ 调整"蝴蝶1"和"蝴蝶2"图层的第520帧中蝴蝶图形的中心点，使其对准线条的终点，并使用"任意变形工具"调整蝴蝶角度。

⑦ 为"蝴蝶1"和"蝴蝶2"图层创建传统补间动画。

⑧ 在"属性"面板中勾选"调整到路径"复选框，使得蝴蝶在沿路径飞的过程中随着路径的弧线调整身体倾斜角度。

4. 测试动画效果

执行"控制"|"测试场景"菜单命令，测试该场景的播放效果。

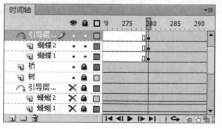

图 9-24　绘制路线

　　为了保证蝴蝶严格按照路径行进,可在第 280 帧与第 520 帧之间插入若干个关键帧,并调整蝴蝶的中心始终位于路径上。

思考与练习

1. 单选题

(1) 创建"引导层动画"需要在引导层图层上绘制(　　　),来完成引导层动画。

　　A. 元件　　　　　　　B. 按钮　　　　　　　C. 影片剪辑　　　　　　D. 引导线

(2) 如果想制作沿路径运动的动画,舞台上的对象不应该是(　　　)。

　　A. 形状　　　　　　　B. 元件实例　　　　　　C. 矢量图形　　　　　　D. 组

2. 多选题

(1) 在 Flash 中,要绘制引导路径,可以使用(　　　)。

　　A. 钢笔工具　　　　　B. 铅笔工具　　　　　　C. 刷子工具　　　　　　D. 线条工具

(2) 下列(　　　)方法可以把层和运动引导层链接起来。

　　A. 将现有层拖到运动引导层的下面,该层在运动引导层下面以缩进形式显示。该层上的所有对象自动与运动路径对齐

　　B. 在运动引导层下面创建一个新层,在该层上补间的对象自动沿着运动路径补间

　　C. 在运动引导层下面选择一个层。选择"修改"|"时间轴"|"图层属性"命令,然后在"图层属性"对话框中选择"被引导"

　　D. 在运动引导层下面创建一个新层,进行相应命名即可

3. 判断题

(1) 只要不是直线运动,就必须使用引导层路径动画实现。　　　　　　　　　　(　　　)

(2) 引导层中的内容在影片播放时不显示。　　　　　　　　　　　　　　　　(　　　)

第 10 章　遮罩层动画制作

遮罩是 Flash 动画中重要的动画表现技法。遮罩层动画与其他的动画制作技术结合起来可以制作出各种丰富多彩的动画效果,比如聚光灯效果、卷轴动画效果等。

10.1　遮罩层动画原理

10.1.1　遮罩层的含义

遮罩层动画是利用遮罩层来制作的动画,制作时至少需要两个图层,即遮罩层和被遮罩层。在时间轴上,位于上层的图层是遮罩层,它就像是一张不透明的纸,我们可以在这张纸上挖一个洞,透过这个洞可以看到下面被遮罩层上的内容,这个洞的形状和大小就是遮罩层上图形对象的形状和大小,如在遮罩层上绘制一个圆,则洞的形状就是这个圆,如图 10-1 所示。

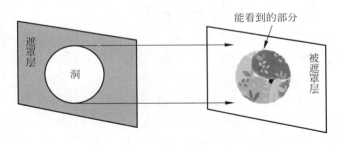

图 10-1　遮罩层的含义

实际上遮罩层的图形罩住谁就显示谁,罩住多大的面积就显示多大的面积,遮罩层动画是遮罩效果和基本动画结合的产物,遮罩层动画需要遮罩层和被遮罩层,层之间的遮罩关系用来完成遮罩效果,动画效果既可以制作在遮罩层里,也可以制作在被遮罩层内。

Flash 中可以用图形、文字、组合图形、图形元件、影片剪辑元件制作遮罩层,制作技巧如下。

(1)遮罩层可以是一个动作动画。可以在遮罩层制作一个移动的图形,使被遮罩层的内容跟随移动的图形而显示,这就是探照效果的基础。

(2)遮罩层可以是文字或移动的文字。这样画面就只显示文字的图形,并且文字里面可以有动画(如波动和闪光的文字)。

(3)遮罩层的作用,遮罩层没有颜色、渐变、透明度的变化。要制作透明的效果,一般是在遮罩层的上层再建立一个普通层,让普通层的图形与遮罩层结合产生透明的效果。

10.1.2 创建遮罩层

遮罩层其实是由一般图层转换而来的，Flash 会忽略遮罩层中的位图、渐变色、透明、颜色和线条样式，其中的任何填充区域都是完全透明的，任何非填充区域都是不透明的，因此遮罩层中的对象将作为镂空的对象存在。遮罩层可以使用菜单命令进行创建，也可以通过"图层属性"对话框进行创建。

1. 利用菜单命令创建遮罩层

使用"遮罩层"菜单命令创建遮罩层是最为方便的一种方法，具体操作如下。

（1）在"时间轴"面板中选择需要设置为遮罩层的图层。

（2）单击鼠标右键，在弹出的快捷菜单中选择"遮罩层"命令，如图 10-2 所示，即可将当前图层设为遮罩层，其下的一个图层也被相应地设为被遮罩层，两者以缩进形式显示，如图 10-3 所示。

图 10-2　快捷菜单

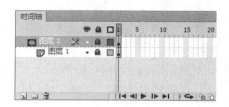

图 10-3　图层信息

2. 通过改变"图层属性"创建遮罩层

在"图层属性"对话框中除了可以用于设置运动引导层外，还可以设置遮罩层与被遮罩层，具体操作如下。

（1）选择"时间轴"面板中需要设置为遮罩层的图层。

（2）执行"修改"|"时间轴"|"图层属性"菜单命令，或者在该图层处单击鼠标右键，从快捷菜单中选择"属性"命令，均可弹出"图层属性"对话框。

（3）在"图层属性"对话框中，选择"类型"选项中的"遮罩层"，如图 10-4 所示。

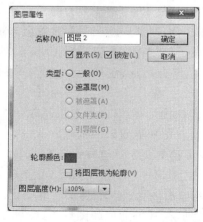

图 10-4　"图层属性"对话框

（4）单击"确定"按钮，即将当前图层设为遮罩层。

在制作遮罩层动画的时候，有时需要修改遮罩层里的对象，这就需要将遮罩层转换为一般图层。在"时间轴"面板中，右击要转换的遮罩层，在弹出的快捷菜单中选择"遮罩层"命令，遮罩效果取消，遮罩层转换成了一般图层。

10.2　制作遮罩层动画

任务：本节的任务是利用遮罩技术制作植物生长和湖水微波粼粼的动画效果。

10.2.1　小草发芽

任务：本节的任务是利用遮罩技术制作小草发芽长大，随风摆动的动画效果，完成后效果如图 10-5 所示。

图 10-5　小草发芽效果图

1. 准备工作

（1）打开第 6 章完成的文件"小草.fla"。

（2）从"库"面板中复制影片剪辑元件"小草"，粘贴到"校园的早晨"文档的库中。

（3）在"库"面板中新建文件夹，重命名为"小草"，将与小草动画有关的图形元件和影片剪辑元件拖入文件夹内，如图 10-6 所示。

2. 新建影片剪辑元件

（1）执行"插入"|"新建元件"菜单命令，创建一个名称为"小草生长"的影片剪辑元件，

如图 10-7 所示。

图 10-6 整理小草相关元件　　　　　图 10-7 新建"小草生长"影片剪辑元件

（2）将"小草生长"影片剪辑元件放入"库"面板"小草"文件夹下。

3. 添加遮罩动画效果

（1）编辑被遮罩层。

① 鼠标定位图层 1 第 1 帧处，从库面板中拖曳"小草组合"影片剪辑元件至舞台。

② 执行两次"修改"|"分离"菜单命令，将"小草组合"影片剪辑元件的实例打散，如图 10-8 所示。

③ 在"属性"面板中设置宽为"20.00"，高为"20.00"。

④ 在"对齐"面板中设置实例相对于舞台"水平中齐"，"垂直居中分布"。

⑤ 调整草的中心点在其根部，如图 10-9 所示。

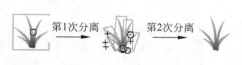

图 10-8 离散化小草图形　　　图 10-9 调整中心位置

⑥ 在图层 1 第 100 帧处插入关键帧。

⑦ 调整实例的宽为"50.00"，高为"50.00"。

⑧ 鼠标在图层 1 第 1 帧至第 100 帧之间任意一帧处单击鼠标右键，在弹出的快捷菜单中选择"创建补间形状"命令。

（2）编辑遮罩层。

① 新建图层。

② 选择"工具箱"中的"矩形工具"，在"矩形工具"选项中设置线条颜色为无，内部填充色为黑色。

③ 在舞台上拖曳鼠标绘制出一个矩形，大小为完全遮盖住小草为宜。

④ 在图层 2 第 100 帧处插入关键帧。

⑤ 选择矩形图形，在"属性"面板中调整矩形的宽为"50.00"，高为"50.00"。

⑥ 在"对齐"面板中调整该矩形图形相对于舞台"水平中齐"，"垂直居中分布"。

⑦ 鼠标在图层2第1帧至第100帧之间任意一帧处单击鼠标右键，在弹出的快捷菜单中选择"创建补间形状"命令。

⑧ 鼠标右键单击图层2上，在弹出的快捷菜单中选择"遮罩层"命令，完成后时间轴如图10-10所示。

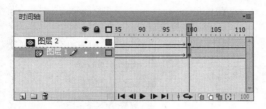

图 10-10　遮罩层动画

（3）延长播放时间。

① 鼠标在图层2第101帧处插入空白关键帧，从"库"面板中拖曳"小草组合"影片剪辑元件至舞台。

② 在"属性"面板中调整该实例的宽为"50.00"，高为"50.00"，与第100帧上的实例大小相同。

③ 分别在图层1、图层2第340帧处插入普通帧。

4. 向场景中添加影片剪辑元件

（1）返回"主场景"。

① 鼠标左键单击"时间轴"面板右上方"编辑场景"下拉菜单，从中选择"主场景"，如图10-11所示。

② 新建图层，命名为"小草"，使其位于时间轴所有图层之上。

③ 从"库"面板中拖曳多次"小草生长"影片剪辑元件至第1帧处。

图 10-11　返回主场景

④ 调整若干个实例的位置。

（2）增加画面帧数。

① 在"小草"图层第500帧处插入普通帧，延长小草的动画播放时间，与其他动画情节相匹配。

② 执行"控制"|"测试场景"菜单命令，测试该场景的播放效果。

10.2.2　菊花生长

任务：本节的任务是利用遮罩技术制作菊花生长、开花、随风摆动的动画效果，完成后效果如图10-12所示。

1. 准备工作

（1）打开第6章完成的文件"菊花摆动.fla"。

（2）从"库"面板中复制影片剪辑元件"菊花生长"，粘贴到"校园的早晨"文档的库中。

图 10-12　菊花遮罩动画效果图

（3）在"库"面板中新建文件夹，重命名为"菊花"，将与菊花动画有关的图形元件和影片剪辑元件拖入文件夹内，如图 10-13 所示。

2．增加影片剪辑元件

（1）执行"插入"|"新建元件"菜单命令，创建一个名称为"菊花绽放"的影片剪辑元件，如图 10-14 所示。

图 10-13　整理菊花相关元件　　　　　　图 10-14　新建"菊花"影片剪辑元件

（2）将"菊花绽放"影片剪辑元件放入"库"面板"菊花"文件夹下。

3．添加遮罩动画效果

（1）编辑被遮罩层，参考小草遮罩动画制作步骤。

① 鼠标定位图层 1 第 1 帧处，从库面板中拖曳"菊花绽放"影片剪辑元件至舞台。

② 在图层 1 第 340 帧处插入普通帧。

（2）编辑遮罩层。

① 新建图层 2。

② 选择"工具箱"中的"矩形工具"，在"矩形工具"选项中设置线条颜色为无，内部填充色为黑色。

③ 在舞台上拖曳鼠标绘制出一个矩形，大小为完全遮盖住菊花为宜。

④ 在图层 2 第 100 帧处插入关键帧。

⑤ 选择矩形图形，在"属性"面板中放大矩形，注意保持矩形下边缘位置不变，向上增长高度。

⑥ 鼠标在图层 2 第 1 帧至第 100 帧之间任意一帧处单击鼠标右键，在弹出的快捷菜单中选择"创建补间形状"命令。

⑦ 鼠标右键单击图层 2，在弹出的快捷菜单中选择"遮罩层"菜单命令。

⑧ 在图层 2 第 340 帧处插入普通帧。

4．向场景中添加影片剪辑元件

（1）返回"主场景"。

① 鼠标左键单击"时间轴"面板右上方"编辑场景"下拉菜单，从中选择"主场景"。

② 新建图层，命名为"菊花"，使其位于时间轴所有图层之上。

③ 从"库"面板中拖曳多次"菊花绽放"影片剪辑元件至第 1 帧处。

④ 调整若干个实例的位置。

（2）增加画面帧数。

① 在"菊花"图层第 500 帧处插入普通帧，延长菊花的动画播放时间，与其他动画情节相匹配。

② 执行"控制"|"测试场景"菜单命令，测试该场景的播放效果。

10.2.3 湖水荡漾

任务：本节的任务是利用遮罩技术制作湖面上波光粼粼的动画效果，完成后效果如图 10-15 所示。

图 10-15 湖水荡漾效果图

1．编辑"库"面板

（1）另存为元件。

① 打开"校园的早晨"文档"主场景"。

② 鼠标右键单击舞台上"湖"图形，在弹出的快捷菜单中选择"转换为元件"菜单命令。

③ 将该图形存储为图形元件，命名为"湖水"，如图 10-16 所示。

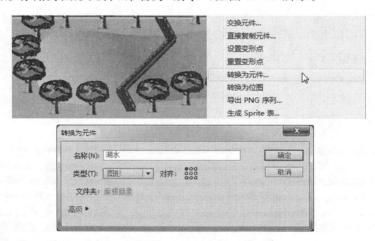

图 10-16 转换为元件

（2）新建元件。

① 执行"插入"|"新建元件"菜单命令，创建一个影片剪辑元件，名称为"水波"，如图 10-17 所示。

② 单击"库"面板下方"新建文件夹"按钮，创建一个文件夹，命名为"湖水荡漾"，将"水波"影片剪辑元件和"湖水"图形元件放入该文件夹下，如图 10-18 所示。

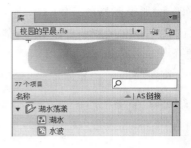

图 10-17   创建新元件   图 10-18   管理"库"面板

2．制作湖水荡漾的动画

（1）新建图层。

① 新建图层 1、图层 2、图层 3，从下至上分别重命名为"湖水 1""湖水 2"和"波纹"，如图 10-19 所示。

② 从"库"面板中拖曳"湖水"图形元件至"湖水 1"图层第 1 帧。

③ 在"对齐"面板中设置相对于舞台"水平中齐"，"垂直居中分布"。

④ 锁定"湖水 1"图层，以免误操作。

⑤ 复制"湖水 1"图层第 1 帧，粘贴至"湖水 2"图层第 1 帧，向右移动 5～8 个像素。

图 10-19   新建图层

⑥ 锁定"湖水 2"图层，以免误操作。

（2）绘制波纹图形。

① 创建一个图形元件，名称为"波纹"。

② 选择"工具箱"中的"矩形工具"，笔触颜色为无，填充颜色为黑色。

③ 画一个矩形。

④ 选中矩形，按住 Alt 键，拖曳出多个矩形，用选择工具和橡皮擦工具调整为不规则图形，也可以用刷子工具来画，如图 10-20 所示。

图 10-20   波纹图形

（3）添加动画效果。

① 双击"库"面板中"水波"影片剪辑元件，使其处于编辑状态。

② 将"库"面板中"波纹"图形元件拖曳至"波纹"图层第 1 帧。

③ 调整"波纹"图形位置，使其下边缘与"湖水"图形下边缘对齐，如图 10-21 所示。

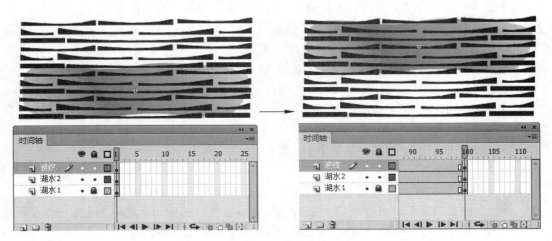

图 10-21　位置调整

④ 分别在"湖水 1""湖水 2"和"波纹"图层的第 100 帧处插入关键帧。

⑤ 将"波纹"图层第 100 帧处的"波纹"图形上边缘与"湖水"图形上边缘对齐，如图 10-21 所示。

⑥ 鼠标在"波纹"图层第 1 帧和第 100 帧之间任意一帧处单击右键，在弹出的快捷菜单中选择"创建传统补间"菜单命令。

⑦ 鼠标右击"波纹"图层，在弹出的快捷菜单中选择"遮罩层"，如图 10-22 所示。

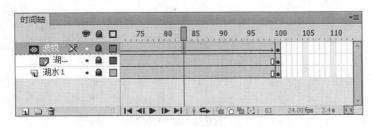

图 10-22　转换图层属性

3. 应用于"主场景"

（1）替换原"湖水"图形。

① 返回"主场景"。

② 在"湖"图层第 101 帧处插入空白关键帧。

③ 从"库"面板中拖曳"水波"影片剪辑元件至舞台，并调整位置与第 100 帧保持相同。

④ 在"湖"图层第 500 帧处插入普通帧。

（2）保存文档并预览。

思考与练习

1. 单选题

(1) Flash 中的"遮罩"可以有选择地显示部分区域。具体地说,它是(　　)。

　　A. 反遮罩,只有被遮罩的位置才能显示

　　B. 正遮罩,没有被遮罩的位置才能显示

　　C. 自由遮罩,可以由用户进行设定正遮罩或反遮罩

　　D. 以上选项均不正确

(2) 遮罩层不能直接创建。要想添加遮罩层,首先要创建一个(　　)。

　　A. 被引导层　　　　B. 被遮罩层　　　　C. 普通层　　　　D. 引导层

(3) 当普通图层和遮罩层关联后,就变成了(　　)。

　　A. 遮罩层　　　　B. 引导层　　　　C. 被引导层　　　　D. 被遮罩层

(4) 下列关于遮罩动画的描述错误的是(　　)。

　　A. 遮罩图层中可以使用填充形状、文字对象、图形元件的实例作为遮罩对象

　　B. 可以将多个图层组织在一个遮罩层之下来创建复杂的效果

　　C. 一个遮罩层只能包含一个遮罩对象

　　D. 可以将一个遮罩应用于另一个遮罩

2. 多选题

(1) 遮罩动画常用来制作一些特效,如(　　)等。

　　A. 光彩字　　　　B. 树叶飘落　　　　C. 探照灯　　　　D. 小鸟飞翔

(2) 遮罩层上,如果有颜色渐变动画,那么被遮罩层中显示的内容说法不正确的是(　　)。

　　A. 也产生颜色渐变　　　　　　B. 无影响

　　C. 不显示　　　　　　　　　　D. 反向显示

(3) 下面(　　)可以用来作为遮罩层的罩盖对象。

　　A. 填充的形状　　　　　　　　B. 文本对象

　　C. 图形元件　　　　　　　　　D. 影片剪辑元件的实例

3. 判断题

(1) 将现有的图层直接拖到遮罩层下面成为被遮罩层。　　　　　　　　(　　)

(2) 在遮罩层下面创建的新图层是被遮罩层。　　　　　　　　　　　　(　　)

第11章 高级动画制作

11.1 3D 动画制作

Flash CS6 中使用 3D 变形与转换工具——3D 平移和 3D 旋转工具可以使对象沿着 X、Y、Z 轴进行三维的移动和旋转。通过组合使用这些 3D 工具,用户可以创建出逼真的三维透视与动画效果。

11.1.1 3D 平移工具

"3D 平移工具" 用于将影片剪辑实例对象在 X、Y、Z 轴方向上进行平移。在"工具箱"中选择"3D 平移工具" 后,在舞台中影片剪辑实例对象上单击,此时对象将出现 3D 平移曲线,如图 11-1 所示。

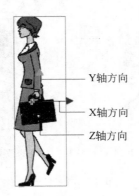

图 11-1 移动 3D 空间中的单个对象

1. 移动 3D 空间中的单个对象

当使用"3D 平移工具"选择影片剪辑实例对象后,将光标放置到 X 轴线上时,光标变为 $\blacktriangleright_x$,此时拖曳鼠标则影片剪辑实例对象沿着 X 轴方向进行平移;将光标放置到 Y 轴线上时,光标变为 $\blacktriangleright_Y$,此时拖曳鼠标则影片剪辑实例对象沿着 Y 轴方向进行平移;将光标放置到 Z 轴线上时,光标变为 $\blacktriangleright_z$,此时拖曳鼠标则影片剪辑实例对象沿着 Z 轴方向进行平移,如图 11-2 所示。

使用"3D 平移工具" 选择影片剪辑实例对象后,将光标放置到轴线中心的黑色实心点时,光标变为 $\blacktriangleright$ 图标,此时拖曳鼠标则可以改变影片剪辑实例 3D 中心点的位置,如图 11-3 所示。

改变影片剪辑实例 3D 中心点的位置后,通过双击 3D 中心点,可将 3D 中心点重定位到所选影片剪辑实例的中心位置。

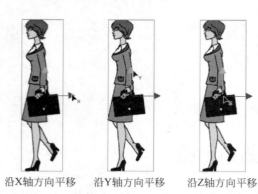 

沿X轴方向平移　　沿Y轴方向平移　　沿Z轴方向平移

图 11-2　3D 平移对象　　　　　　　　图 11-3　改变对象 3D 中心点的位置

2. 移动 3D 空间中的多个对象

如果需要对多个影片剪辑实例进行移动,可以同时选中多个对象,使用"3D 平移工具"移动其中的一个对象,其余对象将以相同的方式移动,如图 11-4 所示。

图 11-4　平移多个对象的效果

当需要重新定位轴控件的位置时,可以进行下列操作。

(1) 如果需要将轴控件移动到另一个对象上,可以在按住 Shift 键的同时,双击该对象即可。

(2) 选中所有对象后,通过双击 Z 轴控件,可以将轴控件移动到多个选择对象的中间,如图 11-5 所示。

11.1.2　3D 旋转工具

使用"3D 旋转工具" ●可以在三维空间中旋转影片剪辑实例。当使用"3D 旋转工具" ●选择影片剪辑实例对象后,在影片剪辑实例对象上将出现三维旋转的控件,其中,X 轴控件显示为红色,Y 轴控件显示为绿色,Z 轴控件显示为蓝色,使用橙色自由旋转控件,可以同时围绕 X 和 Y 轴方向旋转。如需要旋转影片剪辑实例,只需将光标放置到需要旋转的控件上拖曳鼠标,则随着鼠标的移动,对象也随之改变,如图 11-6 所示。

图 11-5　调整 3D 控件位置

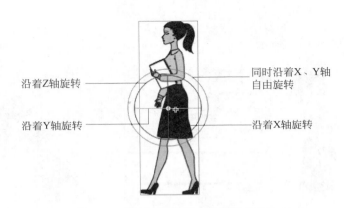

图 11-6　使用 3D 旋转工具选项的对象

1. 使用 3D 旋转工具旋转对象

在"工具箱"中选择"3D 旋转工具"⬤后,在"工具箱"下方"选择区域"将出现其选项设置,包括两个选项按钮:"紧贴至对象"🔲和"全局转换"🔲。其中,"全局转换"🔲按钮默认为选中状态,表示当前状态为全局状态,在全局状态下旋转对象是相对于舞台进行旋转。如果取消"全局转换"🔲按钮的选中状态,表示当前状态为局部状态,在局部状态下旋转对象是相对于影片剪辑进行旋转。

当使用"3D 旋转工具"⬤选择影片剪辑实例对象后,将光标放置到 X 轴线上时,光标变为▶ₓ,此时拖曳鼠标则影片剪辑实例对象沿着 X 轴方向进行旋转;将光标放置到 Y 轴线上时,光标变为▶ᵧ,此时拖曳鼠标则影片剪辑实例对象沿着 Y 轴方向进行旋转;将光标放置到 Z 轴线上时,光标变为▶ᴢ,此时拖曳鼠标则影片剪辑实例对象沿着 Z 轴方向进行旋转,如图 11-7 所示。

2. 使用"变形"面板进行 3D 旋转

使用"3D 旋转工具"⬤可以对影片剪辑实例进行任意的 3D 旋转,但精确控制影片剪辑实例的 3D 旋转,则需要使用"变形"面板进行操作。选择影片剪辑实例对象后,在"变形"面板中将出现 3D 旋转与 3D 中心点位置的相关选项。

(1) 3D 旋转:在 3D 旋转选项中可以通过设置 X、Y、Z 参数,从而改变影片剪辑实例各

173

沿X轴方向旋转　　　　　沿Y轴方向旋转　　　　　沿Z轴方向旋转

图 11-7　3D 旋转对象

个旋转轴的方向,如图 11-8 所示。

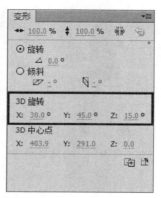

图 11-8　使用"变形"面板进行 3D 旋转

(2) 3D 中心点:用于设置影片剪辑实例 3D 旋转中心点的位置,可以通过设置 X、Y、Z 参数,从而改变影片剪辑实例中心点的位置,如图 11-9 所示。

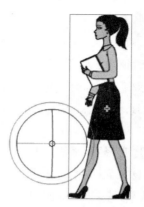

图 11-9　使用"变形"面板移动 3D 中心点

11.1.3　3D属性设置

舞台中选择影片剪辑实例对象后,在"属性"面板中将出现对象相关 3D 属性设置,用于设置影片剪辑实例的 3D 位置、透视角度、消失点等,如图 11-10 所示。

图 11-10　3D 属性设置

（1）3D 定位和查看：用于设置影片剪辑实例相对于舞台的 3D 位置,可以通过设置 X、Y、Z 参数从而改变影片剪辑实例在 X、Y、Z 轴方向的坐标值。

（2）透视 3D 宽度：用于显示 3D 对象在 3D 轴上的宽度。

（3）透视 3D 高度：用于显示 3D 对象在 3D 轴上的高度。

（4）透视角度：用于设置 3D 影片剪辑实例在舞台的外观视角,参数范围为 1°～180°,增大或减小透视角度将影响 3D 影片剪辑实例的外观尺寸及其相对于舞台边缘的位置。增大透视角度可使对象看起来更接近查看者,减小透视角度属性可使对象看起来更远。此效果与通过镜头更改视角的照相机镜头缩放类型类似。

（5）消失点：用于控制舞台上 3D 影片剪辑实例的 Z 轴方向,在 Flash 中所有 3D 影片剪辑实例的 Z 轴都会朝着消失点后退。重新定位消失点,可以更改沿 Z 轴平移对象时对象的移动方向。通过设置"消失点"选项中的"消失点 X 位置"和"消失点 Y 位置"可以改变 3D 影片剪辑实例在 Z 轴消失的位置。

（6）重置：单击"重置"按钮,可以将改变的"消失点 X 位置"和"消失点 Y 位置"参数恢复为默认的参数。

11.1.4　制作蝴蝶展翅动画效果

任务：使用"3D 旋转工具"可以轻松制作出元件在不同方向上的旋转效果。可以配合"变形"面板实现准确的旋转角度,接下来使用"3D 旋转工具"重新制作翅膀舞动的动画效果。

提示：只有影片剪辑元件才可以使用"3D 旋转工具"完成 3D 旋转画的制作,图形和按钮元件无法使用 3D 工具制作动画。

1. 管理"库"面板

（1）在"库"面板中新建文件夹,重命名为"蝴蝶 3D"。

（2）复制"库"面板"蜻蜓"文件夹中"身体""左翅"两个图形元件,粘贴至"蝴蝶 3D"文件夹下,如图 11-11 所示。

（3）鼠标右键单击"左翅"图形元件,在弹出的快捷菜单中选择"属性"菜单命令,如图 11-11 所示。在打开的"元件属性"对话框中,从"类型"下拉菜单中选择"影片剪辑",如图 11-12 所示,完成图形元件到影片剪辑元件的转化。

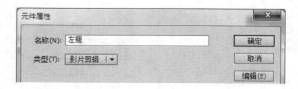

图 11-11　复制、转换元件　　　　　图 11-12　"元件属性"对话框

2. 制作左翅膀 3D 动画

（1）执行"插入"|"新建元件"菜单命令,创建一个名称为"左翅 3D"的影片剪辑元件。

（2）制作 3D 动画。

① 重命名图层 1 为"左翅",并从"库"面板中拖曳"左翅"影片剪辑元件至该图层第 1 帧。

② 选择"工具箱"中"3D 旋转工具"。

③ 调整元件中心点位置,如图 11-13 所示。

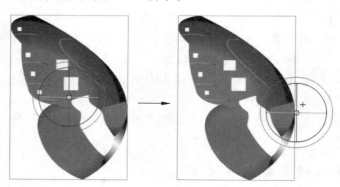

图 11-13　调整中心点

④ 在第 25 帧处插入关键帧。

⑤ 在"变形"面板中修改"3D 旋转"选项下的"Y"值为－70,如图 11-14 所示。

⑥ 在第 40 帧处插入关键帧,修改"Y"的值为 0。

3. 制作蝴蝶展翅 3D 动画

（1）执行"插入"|"新建元件"菜单命令,创建一个名称为"蝴蝶展翅 3D"的影片剪辑元件。

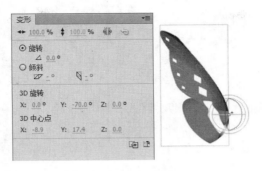

图 11-14 设置旋转选项

（2）组合多个元件。

① 新建两个图层，从下至上分别命名为"左翅""右翅""身体"，如图 11-15 所示。

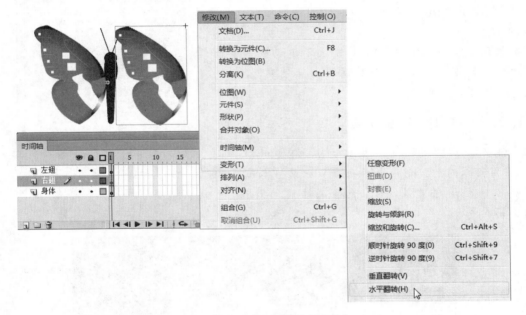

图 11-15 组合图形

② 从"库"面板中拖曳"身体"图形元件到"身体"图层第 1 帧。

③ 分别从"库"面板中拖曳"左翅 3D"影片剪辑元件到"右翅""左翅"图层第 1 帧。

④ 鼠标选择"右翅"图层中的元件实例。

⑤ 执行"修改"|"变形"|"水平翻转"菜单命令。

⑥ 翻转后的实例另存为"右翅 3D"影片剪辑元件，如图 11-16 所示。

⑦ 调整各图形位置。

4. 保存文件及预览动画效果

图 11-16 "蝴蝶 3D"文件夹

11.2　Deco 动画

11.2.1　Deco 工具

"Deco 工具"可以使用默认元素或元件作为基本图形，自由填充到舞台。"Deco 工具"的功能非常强大，可快速在舞台中创建更为复杂的几何形状和图案。

单击"工具箱"中"Deco 工具"按钮 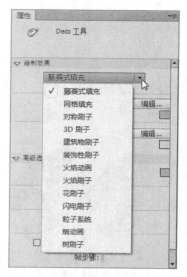，"属性"面板中显示其对应的属性。在 Flash CS6 中一共提供了13 种绘制效果，包括藤蔓式填充、网格填充、对称刷子、3D 刷子、建筑物刷子、装饰性刷子、火焰动画、火焰刷子、花刷子、闪电刷子、粒子系统、烟动画和树刷子，如图 11-17 所示。

提示："藤蔓式填充""火焰动画""闪电刷子""粒子系统"和"烟动画"可以直接制作动画效果，其他的效果只能生成静态效果。

图 11-17　"Deco 工具"的"属性"面板

11.2.2　制作闪电动画

任务：使用"闪电刷子"模式制作出闪电的动画效果，并且可以随意控制闪电的角度和效果。本节将通过制作一个闪电效果，模拟大雨来临前的效果，如图 11-18 所示。

图 11-18　闪电效果

1. 新建元件

（1）执行"插入"|"新建元件"菜单命令，创建一个名称为"雨前"的影片剪辑元件。

（2）绘制阴暗天空。

① 选择"工具箱"中的"矩形工具"，笔触颜色设为无，填充颜色为"线性渐变"，从左至右填充颜色为"001C74""A5B4E0"，如图 11-19 所示。

② 在舞台上绘制一个矩形。

③ 在"属性"面板中设置宽"800.00"，高"600.00"。

④ 在"对齐"面板中设置相对于舞台"水平中齐"，"垂直居中分布"。

⑤ 选择"工具箱"中的"渐变变形工具"，将填充色顺时针旋转 90°。

2. 制作 Deco 动画

（1）新建一个名为"闪电"的影片剪辑元件。

（2）设置"Deco 工具"绘制选项。

① 选择"工具箱"中的"Deco 工具"。

② 在"属性"面板中选择"闪电刷子"选项，勾选"动画"选项，设置闪电的"复杂性"为50％，如图 11-20 所示。

图 11-19　填充颜色设置

图 11-20　"Deco 工具"选项

③ 在舞台上按下鼠标左键，从右上角向左下角拖曳，制作出闪电动画效果，观察时间轴变化效果，如图 11-21 所示。

④ 在时间轴最后 1 帧处（本例为第 34 帧）按下 F7 键插入空白关键帧，在 35 帧位置按下 F5 键插入若干普通帧，实现闪电闪烁后的停顿效果。

3. 应用于主场景

（1）返回主场景。

① 从"编辑场景"下拉菜单中单击"主场景"。

② 解锁"蓝天"图层。

（2）修改原动画。

① 在第 1 帧处删除原有蓝天图形，从"库"面板中拖曳"闪电"影片剪辑元件到舞台上，调整位置。

② 在第 119 帧处插入关键帧。

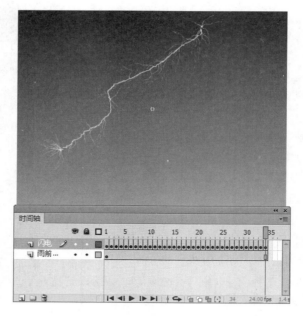

图 11-21　绘制闪电图形

③ 在第 120 帧处插入空白关键帧。

④ 从"库"面板中拖曳"雨前天空"影片剪辑元件到舞台上,调整位置。

⑤ 执行"修改"|"分离"菜单命令,第 120 帧到第 200 帧之间的形状补间自动更新,如图 11-22 所示。

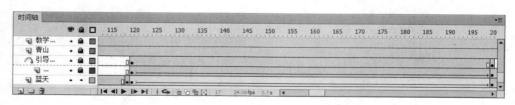

图 11-22　动画修改后的时间轴

11.2.3　制作藤蔓动态填充动画

任务:使用"藤蔓式填充"为谢幕场景填充图案,快速产生填充效果丰富的图形效果。同时可以将这个过程以逐帧动画的方式记录下来,并参与动画的播放,如图 11-23 所示。

1. 返回"谢幕"场景

(1)从"编辑场景"下拉菜单中选择"谢幕"。

(2)在"背景"图层上方新建一个图层,命名为"藤蔓"。

2. 制作藤蔓填充动画

(1)设定填充区域。

① 选择"工具箱"中的"椭圆工具"。

② 笔触颜色为无。

③ 填充颜色为白色。

图 11-23　藤蔓填充效果

（2）设置"Deco 工具"选项。

① 选择"工具箱"中的"Deco 工具"。

② 在"属性"面板中"绘制效果"下拉菜单中选择"藤蔓式填充"选项，其他属性保持默认，如图 11-24 所示。

图 11-24　"Deco 工具"选项

（3）添加藤蔓。

① 在椭圆图形的左侧位置单击鼠标左键，即可看到藤蔓填充的动画效果，如图 11-25 所示。

② 直到将椭圆图形全部使用藤蔓填充后，就会停止动画的创建，完成逐帧动画的制作。

3. 调整文字出现时间

（1）将文字内容剪切粘贴在逐帧动画完成后的位置，本例为第 165 帧，如图 11-26 所示。

（2）在各个图层第 190 帧处插入普通帧，延长画面停留时间。

图 11-25　藤蔓填充过程

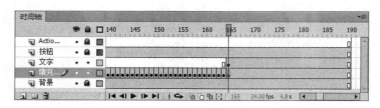

图 11-26　"时间轴"面板

11.3　骨骼动画

骨骼运动也称为反向运动(IK),是一种使用骨骼的关节结构对一个对象或彼此相关的一组对象进行动画处理的方法。Flash CS6 中包括两个用于处理反向运动的工具"骨骼工具"和"绑定工具",使用"骨骼工具"可以创建一系列链接的对象轻松创建链型效果,也可以使用"骨骼工具"快速扭曲单个对象。使用骨骼进行动画处理时,只需做很少的设计工作,通常指定对象的开始位置和结束位置即可,通过反向运动,即可轻松自然地创建出骨骼的运动。

Flash 有两种创建骨骼动画的方式。一种是在实例与实例之间添加相连接的骨骼,然后使用关节来连接这些骨骼,通过调整关节位置来产生运动效果。另一种是在各种矢量图形内部添加骨骼,通过骨骼来移动形状的各个部分以实现动画效果。这种方式最大的优势在于无须绘制形状的不同运动状态,也无须使用形状补间来创建动画。

11.3.1　创建元件实例间骨骼动画

在 Flash CS6 中可以对图形形状创建骨骼动画,也可以对元件实例创建骨骼动画。元件实例可以是影片剪辑、图形和按钮,如果是文本,则需要将文本转换为元件实例。如果创建基于元件实例的骨骼,可以使用"骨骼工具"将多个元件实例进行骨骼绑定,移动其中一个骨骼会带动相邻骨骼进行运动。

1. 定义骨骼

可以使用 Flash CS6 的"骨骼工具" ，向影片剪辑元件实例、图形元件实例或按钮元件实例添加 IK 骨骼。选择工具箱中的"骨骼工具" ，在舞台上单击一个对象,再向另一个对象拖动鼠标,释放鼠标后就可以创建这个两对象间的连接,此时两个元件实例间会显示所创建的骨骼,如图 11-27 所示。从图 11-27 中可以发现在创建骨骼后,Flash 会把骨骼和图形自动移动到一个新的姿势图层中。

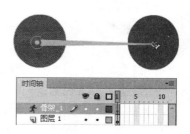

图 11-27　创建骨骼

骨骼的头部为圆形端点,有一个圆圈围绕着头部。骨骼的尾部为尖形,有一个实心点。另外,如果创建了多个骨骼,其中第一个创建的骨骼被称为父级骨骼。

2. 选择骨骼

可以使用多种方法来对创建好的骨骼进行编辑。选择"工具箱"中的"选择工具",单击骨骼即可选择该骨骼。骨骼在没被选中时,显示的颜色与姿势图层的轮廓色相同,一旦骨骼被选择后,则显示该颜色的相反色,如图 11-28 所示。

另外,当单击选择骨骼时,"属性"面板会呈现如图 11-29 所示的状态,可以通过单击 ⇦ (上一个同级)、击 ⇨ (下一个同级)、击 ⇩ (子级)和击 ⇩ (父级)按钮来快速选择相邻的骨骼。

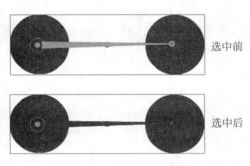

图 11-28　骨骼的显示颜色

图 11-29　快速选择相邻骨骼按钮

3. 删除骨骼

若要删除单个骨骼及其下属的子骨骼,只需要选择该骨骼后按 Delete 键即可。若要删除所有的骨骼,则右击骨架图层时间轴的任一帧,在弹出的快捷菜单中选择"删除骨架"命令即可,实例将恢复到添加骨骼之前的状态。

4. 创建骨骼动画

在开始关键帧中为对象添加骨架,并制作对象的初始姿势,在"时间轴"面板中右击动画需要延伸到的帧,在弹出的快捷菜单中选择"插入姿势"命令,即可插入一个关键帧,然后在该关键帧中选择骨骼,调整骨骼的位置或旋转角度,按 Enter 键测试动画即可看到创建的骨骼动画效果了。具体操作步骤如下。

(1) 新建一个类型为 ActionScript 3.0 的 Flash 文档(注意,ActionScript 2.0 不支持骨骼动画),单击"图层 1"的第 1 帧,选择"工具箱"中的"椭圆工具",在舞台上绘制一个任意填充色的圆,按 F8 键将其转换为影片剪辑元件。选中舞台中的圆影片剪辑元件实例,按住 Alt 键拖动,即可复制得到一个新的圆影片剪辑实例,再重复操作三次,共复制得到 4 个元件实例,最后将这些元件实例按照如图 11-30 所示的位置摆放。

图 11-30　多个元件实例在舞台中的摆放效果

(2) 选中工具箱中的"骨骼工具" 🦴 ,从左边第一个实例的中心出发,拖动鼠标到第二个实例的中心释放,即可在这两个元件实例之间绘制一个如图 11-31 所示的骨骼。

图 11-31　创建两个元件实例之间的骨骼

（3）采用同样方法，依次从左到右在每两个元件实例之间绘制骨骼，得到最终的骨骼结构，如图 11-32 所示。

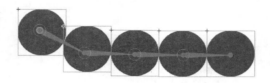

图 11-32　创建所有元件实例间的骨骼

（4）在时间轴的第 50 帧处单击鼠标右键，在弹出的快捷菜单中选择"插入姿势"命令，然后选中第 50 帧，用选择工具单击舞台中对象的骨骼，拖动所选的骨骼进行位置和方向的变化，如图 11-33 所示。

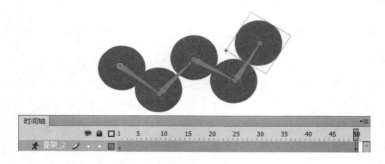

图 11-33　改变骨骼的位置和方向

（5）按 Enter 键测试动画，即可看到由起始帧状态变化到结束帧状态的骨骼动画效果。

11.3.2　创建基于图形的骨骼动画

与创建基于元件实例的骨骼动画方法基本相同，在"工具箱"中选择"骨骼工具" ，在图形中单击后在形状中拖动鼠标创建第一个骨骼，接着单击该骨骼的尾端点，拖动鼠标创建该骨骼的子级骨骼。采用同样的方法继续绘制形状的所有骨骼，在创建骨骼后，Flash 同样会把骨骼和图形自动移动到一个新的姿势图层中，如图 11-34 所示。

基于图形的骨骼动画创建可以参考元件实例间骨骼动画创建方法，此处不再赘述。

11.3.3　绑定形状

在默认情况下，形状的控制点连接到离它们最近的骨骼。在 Flash CS6 中，可以使用"绑定工具" 来编辑单个骨骼和形状控制点之间的连接。这样一来，移动骨骼时就可以轻松控制形状扭曲的方式了。

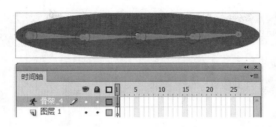

图 11-34　创建形状骨骼

绑定形状的具体操作方法是，用"绑定工具" 选中形状中的骨骼，这时所选的骨骼中会出现一条红线，并在形状上显示相关联的黄色控制点，如图 11-35 所示。拖动黄色控制点到骨骼的连接点处，例如，这里拖动最下面的黄色控制点到第三个骨骼连接点（由下往上数第三个骨骼连接点），此时骨骼上出现了一条如图 11-36 所示的黄线，此时已经实现最下面控制点与第三个骨骼连接点的绑定。这时如果拖动第三个骨骼连接点，就可以实现更灵活的扭曲效果，如图 11-37 所示。

图 11-35　用绑定工具单击骨骼

图 11-36　连接点的黄线

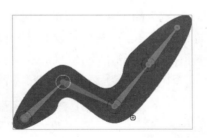

图 11-37　绑定工具的效果

11.3.4　编辑骨骼动画

1. 设置缓动

将缓动应用于骨骼动画，实现骨骼运动的加速或减速效果，使骨骼动画看起来更加逼真。在 Flash 中，"缓动"的数值可以是-100～100 之间的任意整数，代表运动的加速度。"缓动"是负数，则骨骼动画作加速运动；"缓动"是正数，则骨骼动画作减速运动；如果"缓动"是 0，则骨骼动画匀速运动。

Flash 为骨骼动画提供了集中标准缓动，只要选择创建好的骨骼动画，在如图 11-38 所示的"属性"面板中设置缓动效果即可。

2. 约束连接点的旋转和平移

约束骨骼的旋转和平移，可以更精确地控制骨骼运动的自由度。单击选中骨骼，"属性"面板就会显示如图 11-39 所示的设置选项，这时就可以根据需要进行相应设置。

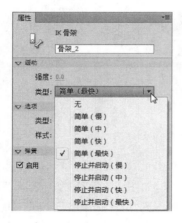 

图 11-38　标准缓动类型　　　　图 11-39　约束骨骼的旋转和平移设置

3. 设置连接点速度

连接点的速度越高,该连接点的反应越快;反之,连接点的反应速度越慢。当连接点速度较低时,该连接点将反应缓慢,当连接点速度较高时,该连接点将具有更快的反应。单击选中骨骼,在如图 11-40 所示的"属性"面板"位置"栏的"速度"文本框中输入数据,可以改变连接点的速度。

4. 设置弹簧属性

弹簧属性是从 Flash CS5 开始新增的一个骨骼动画属性。选中骨骼,在如图 11-41 所示的"属性"面板的"弹簧"设置栏可以设置弹簧的强度和阻尼值。其中,强度的输入值越大,弹簧效果越明显。阻尼的输入值越大,动画中弹簧属性减小得越快,动画结束的就越快。其值设置为 0 时,弹簧属性在各姿态图层中的所有帧中都将保持最大强度。

图 11-40　连接点速度设置　　　　图 11-41　弹簧属性设置

11.3.5　制作人物行走动画

1. 准备工作

(1) 打开素材包中"人物行走. fla"文档。

(2) 该文档中人物由头、上身、右大腿、右小腿、左大腿和左小腿 6 个影片剪辑元件组成,分别存储在对应名称的 6 个图层中,如图 11-42 所示。

(3) 选择所有图层,单击鼠标右键,在弹出的快捷菜单中选择"拷贝图层"菜单命令。

（4）打开"校园的早晨.fla"文档。

（5）新建一个影片剪辑元件，命名为"人物行走"。

（6）在"图层1"上单击鼠标右键，在弹出的快捷菜单中选择"粘贴图层"菜单命令，如图 11-43 所示。

图 11-42　人物素材

图 11-43　拷贝图层

2. 添加骨骼动画

（1）连接骨骼。

① 选择"工具箱"中的"骨骼工具"。

② 先从头连接到上身，再由上身分别连接到左大腿和右大腿，再分别将左右大腿连接到左右小腿，得到人物骨架，如图 11-44 所示。

（2）改变骨骼端点位置。

① 在第 10 帧处右击，在弹出的快捷菜单中选择"插入姿势"命令。人物的初始状态是右脚在前，左腿在后，先要用"工具箱"中的"选择工具"，拖动右小腿骨骼的尾端点到如图 11-44 所示位置，再用选择工具拖动右小腿骨骼的尾端点到如图 11-45 所示的位置。

图 11-44　人物骨骼

图 11-45　移动骨骼位置

② 再用"工具箱"中的"任意变形工具",依次调整左右大小腿的方向和位置。至此,已经实现了左右腿的前后更替,单击"时间轴"面板的绘图纸外观,会看到如图 11-46 所示的运动轨迹。

③ 采用同样方法,再次实现两腿的前后交替,即右腿由后到前,左腿由前到后,但是注意要将左右腿的状态调整成和第 1 帧中人物初始状态相同的姿势,这样整个走路的动作才会很好地衔接起来。

至此,已经完成了整个走路的动作,此刻的时间轴如图 11-47 所示。按照上述方法,可以建立多个人物行走的骨骼动画,丰富主场景动画效果。

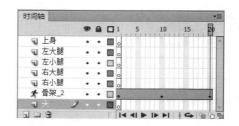

图 11-46　运动轨迹　　　　　　图 11-47　完成人物行走后的时间轴

3. 应用于主场景

（1）为人物行走新建图层。

（2）可以创建传统补间动画或运动引导层动画,制作出人物按直线或设计路径行走的动画效果,效果如图 11-48 所示。

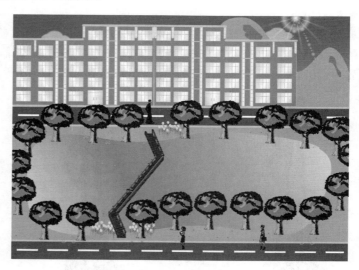

图 11-48　多人物行走动画

ActionScript 是 Flash 的内置脚本语言，它是面向对象（Object-Oriented）的编程语言，通过 ActionScript 的强大功能，可以创造出各种复杂的动画效果和网络应用程序，是 Flash 中不可缺少的重要组成部分之一。

12.1　ActionScript 3.0 概述

ActionScript 简称 AS，是 Adobe Flash Player 和 Adobe AIR 运行时的语言，是 Flash 专用的面向对象编程语言，具有强大的交互功能，使用该语言提高了动画与语言之间的交互。在制作普通动画时，用户不需要使用动作脚本即可制作 Flash 动画，但要提供与用户交互，使用户置于 Flash 对象之外，如控制动画中的按钮、影片剪辑，则需要使用 ActionScript 动画脚本。通过 ActionScript 的应用，扩展了 Flash 动画的应用范围，使其不折不扣地成为扩媒体应用开发软件。

12.1.1　ActionScript 的首选参数设置

使用 ActionScript 之前，首先进行相关的开发参数设置。运行 Flash CS6 后，选择"编辑"|"首选参数"命令，弹出"首选参数"对话框，在"类别"列表中单击 ActionScript 选项，可以设置动作脚本的字体、颜色等，保证编写动作脚本时有一个适合作者的视觉感受，如图 12-1 所示。

12.1.2　"动作"面板

作为开发环境，Flash CS6 有一个功能强大的 ActionScript 代码编辑器——"动作"面板，"动作"面板用于组织动作脚本，用户可以用面板中自带的语言脚本，也可以自己添加脚本来迅速而有效地编写出功能强大的程序，"动作"面板如图 12-2 所示。

"动作"面板分为以下几个部分。

（1）动作工具箱：其中包含所有的 ActionScript 动作命令和相关语法，在此窗口中将不同的动作脚本分类存放，需要使用什么脚本语言可以直接双击或拖动即可添加到脚本窗口中。

（2）脚本导航器：此窗口中可以显示 Flash 中所有添加了动作脚本的对象，而且还可以显示当前正在编辑的脚本对象。其主要功能包括：通过单击其中的项目，可以将与该项目相关的代码显示在脚本窗口中；通过双击其中的项目，可以对该项目的代码进行固定操作。

（3）工具栏：提供了进行添加 ActionScript 脚本以及相关操作的按钮。

（4）脚本编辑窗口：在此窗口中，当前对象上所有调用或输入的 ActionScript 语言（包

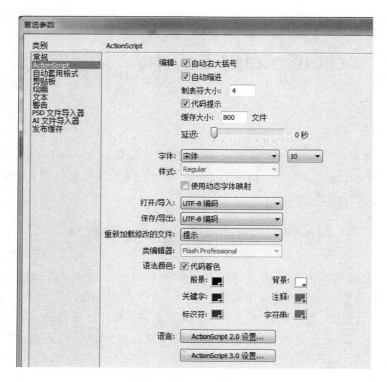

图 12-1 "首选参数"对话框

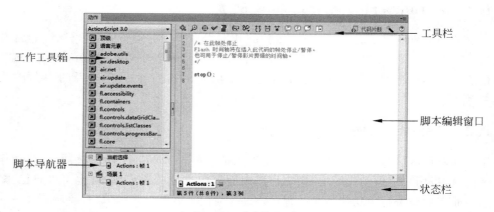

图 12-2 "动作"面板

括 ActionScript、Flash Communication 或 Flash JavaScript 文件）都会在该区域中显示，是编辑脚本语言的主区域。

（5）状态栏：用于显示当前添加的脚本对象以及光标所在的位置。

在编辑动作脚本时，如果熟悉 ActionScript 脚本语言，可以直接在脚本窗口中输入动作脚本（专家模式）。如果对 ActionScript 脚本语言不是很熟悉，则可以单击"脚本助手"按钮，激活"脚本助手"模式，如图 12-3 所示。在脚本助手模式中，提供了对脚本参数的有效提示，可以帮助新用户避免可能出现的语法错误。

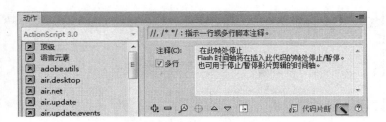

图 12-3 "脚本助手"对话框

12.1.3 "代码片段"面板

"代码片段"面板使非编程人员能快速轻松地开始使用简单的 ActionScript 3.0。借助该面板,开发人员可以将 ActionScript 3.0 代码添加到 FLA 文件以启用常用功能。当应用代码片段时,此代码将添加到时间轴中 Actions 图层的当前帧。如果用户未创建 Actions 图层,Flash 将在时间轴中的所有其他图层之上添加一个 Actions 图层。

添加代码片段的方法如下。

(1) 选择舞台上的对象或时间轴中的帧。如果选择的对象不是元件实例或 TLF 文本对象,则当应用代码片段时,Flash 会将该对象转换为影片剪辑元件。如果选择的对象还没有实例名称,Flash 在应用代码片段时会自动为对象添加一个实例名称。

(2) 执行菜单栏中的"窗口"|"代码片段"命令,或者单击"动作"面板右上角的"代码片段"图标按钮 ⑤ 代码片断 ,打开"代码片段"面板,如图 12-4 所示。

图 12-4 "代码片段"面板

(3) 双击要应用的代码片段,即可将应用的代码添加到脚本窗口之中,如图 12-5 所示。

Flash CS6 代码片段库可以让用户方便地通过导入和导出功能管理代码。例如,可以将常用的代码片段导入"代码片段"面板,方便以后使用。此外,还可以通过导入代码片段 XML 文件,将自定义代码片段添加到"代码片段"面板中。

12.1.4 ActionScript 代码的位置

在 ActionScript 3.0 环境下,ActionScript 3.0 代码的位置发生了重大改变,按钮和影片剪辑不再可以被直接添加代码,只能将代码写在时间轴的帧上,或者将代码输入在外部 as 文件中。用户可以根据动画实际要实现的效果,选择方便快捷的 ActionScript 环境。

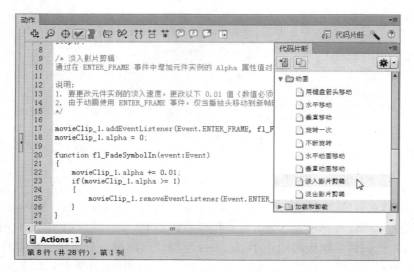

图 12-5　应用"代码片段"

1. 在时间轴的帧中编写

在帧中编写 ActionScript 程序代码是最常见也是最主要的代码位置,选中主时间轴上或者影片剪辑内的某一帧,打开"动作"面板就可以为该帧编写代码。当在帧中编写代码时,"脚本导航器"会提示"当前选择"对象,添加代码后的帧上会出现一个小写的 a,表示该帧中包含代码,如图 12-6 所示。

图 12-6　为帧编写代码

2. 在外部 as 文件中编写

虽然支持把代码写在时间轴的帧上,但在实际应用中,如果把很多的代码放在时间轴的帧上,势必会导致代码很难管理。Flash CS6 除了将代码直接写在帧上以外,还可以将 ActionScript 程序代码放在外部的 as 文件中,然后可以使用多种方法将 as 文件中的定义应用到当前的应用程序。特别地,用"类"来组织大量的代码更为合适,因为类代码也是放在 as 文件中,这样更加倾向于实现代码与美工的分离。

使用 Flash CS6,用户可以轻松创建和编辑外部 as 文件。执行菜单栏中的"文件"|"新建"命令,在"新建文档"对话框中选中"ActionScript 文件"或"ActionScript 3.0 类",即可创建一个外部的 as 文件。单击"确定"按钮,进入脚本编辑界面,即可进行脚本代码的编写。

创建的 ActionScript 编辑器将不再是"动作"面板,它转换成了一种纯文本格式。可以使用任何文本编辑器编辑,而且无须定义 ActionScript 版本,因为最终将被加载到帧中。

值得注意的是,外部的 as 文件并非全部是类文件,有些是为了管理方便,将帧代码按照功能放置在一个个 as 文件中。使用 include 指令可将 as 文件中的代码导入到当前帧中,指令格式如下：

```
include"[path]filename.as";
```

不但可以在帧代码中使用 include 命令，也可以在 as 文件中使用 include 指令，但不能在 ActionScript 类文件中使用。

include 可以对要包括的文件不指定路径、指定相对路径或指定绝对路径。as 文件必须位于下列三个位置之一。

（1）与 fla 文件位于同一个目录。

（2）位于全局 include 目录中，该目录路径为：C:\Documents and Settings\用户\Local Settings\Application Data\Adobe\Flash CS6\语言\Configuration\include。

（3）位于下面的目录下：C:\Program Files\Adobe\ Adobe Flash CS6\语言\First Run\ include。如果在此目录下保存一个文件，则在下次启动 Flash 时，会将此文件复制到全局 include 目录中。若要为 as 文件指定相对路径，使用单个点(.)表示当前目录，使用两个点(..)表示上一级目录，并使用正斜杠(/)来指示子目录。

12.2　ActionScript 3.0 基础

ActionScript 是 Flash 独有的计算机语言，它也有自己的指令与语法，只有了解它的语言与语法，才能运用 ActionScript 语句对 Flash 交互动画进行控制。语法、数据类型、变量、运算符和语句构成了编成语言的基础。下面将通过有关的测试代码，介绍 ActionScript 3.0 中的语法、数据类型、变量、函数、运算符以及语句等，为以后的面向对象编程打下一个坚实的基础。

12.2.1　ActionScript 语法

ActionScript 语法是指在编写和执行 ActionScript 语句时必须遵守的规则。ActionScript 3.0 语句的基本语法包括点语法、标点符号、字母的大小写、关键字与注释等。

1. 点语法

点语法是由于在语句中使用了一个点运算符"."而得名的，它是基于"面向对象"概念的语法形式。点运算符主要用于下面几个方面。

（1）采用对象后面跟点运算符和属性名称(方法)来引用对象的属性(方法)。例如，一个影片剪辑的实例名称为 cir_me，它的 x 轴坐标值属性为 100，那么这条语句可以写为 cir_me.x＝100。

（2）可以采用点运算符表示包路径，如 flash.display.MovieClip。

（3）可以使用点运算符描述现实对象的路径。

2. 标点符号

在 Flash 中常用的标点符号是：分号(；)、逗号(，)、冒号(：)、小括号(())、中括号([])和大括号({})。这些标点符号在 Flash 中都有各自不同的作用，可以帮助定义数据类型、终止语句或者构建 ActionScript 代码块。

（1）分号(；)：ActionScript 语句用分号(；)字符表示语句结束，如 stop();。

（2）逗号（,）：逗号主要用于分隔参数，比如函数的参数、方法的参数等。

（3）冒号（：）：冒号主要用于为变量指定数据类型。

（4）小括号（()）：小括号在 ActionScript 3.0 中有两种用途。在数学运算方面，可以用来改变表达式的运算顺序；在表达式运算方面，可以结合逗号运算符，来优先计算一系列表达式的结果并返回最后一个表达式的结果。

（5）中括号（[]）：中括号主要用于数组的定义和访问。

（6）大括号（{}）：大括号主要用于编程语言程序控制、函数和类中。

3. 字母的大小写

ActionScript 3.0 是一种区分大小写的语言。大小写不同的标识符会被视为不同变量或函数。例如，下面的代码中"myname"和"myName"是创建的两个不同的变量。

var myname：String；

var myName：String；

4. 关键字

在程序开发过程中，不要使用与 Flash 的各种内建类的属性名、方法名或与 Flash 的全局函数名同名的标识符作为变量名或函数名。此外，在 Flash 中还有一些称为"关键字"的语句，它们是保留给 ActionScript 使用的，是 Flash 语法的一部分，它们在 Flash 中具有特殊的意义，不能在代码中将它们用作标识符，否则编辑器会报错。例如，if、new、with 等都属于关键字。ActionScript 关键字如下。

break	else	instanceof	typeof
case	for	new	var
continue	function	return	void
default	if	switch	while
delete	in	this	with

5. 注释

注释可以向脚本中添加说明，便于对程序的理解，常用于团队合作或向其他人员提供范例信息。Flash 在执行的时候会自动跳过注释语句。ActionScript 3.0 代码支持两种类型的注释：单行注释和多行注释。

单行注释以两个正斜杠（//）开头并持续到该行的末尾。例如：

//以下为 ActionScript 3.0 的一条输出语句

```
Trace("1234");              //输出：1234
```

多行注释以一个正斜杠和一个星号（/ * ）开头，以一个星号和一个正斜杠（ * /）结尾。例如：

```
/ * 这是一个可以跨
   多行代码的多行注释 * /
```

12.2.2 数据类型

数据类型用于描述变量或动作脚本元素可以存储的信息种类。很多语言程序都提供了一些标准的基本数据结构，例如，逻辑型、字符型、整型、浮点型等。ActionScript 的数据类型极其丰富,并且允许用户自定义类型。

ActionScript 的数据类型分为简单数据类型和复杂数据类型。

1. 简单数据类型

简单数据类型是构成数据的最基本元素。具体分为以下几种数据类型。

1）String 数据类型

String 数据类型是诸如字母、数字和标点符号等字符的序列,放于双引号之间,也就是说,把一些字符放置在双引号之间就构成了一个字符串,例如：yourname＝"honey"。

在上面的例子中变量 yourname 的值就是引号中的字符串"honey"。

2）Number 数据类型

Number 数据类型中包含的都是数字,所有数据类型的数据都是双精度浮点数。数据类型可以使用算术运算符,如加（＋）、减（－）、乘（＊）、除（/）、求模（％）、递增（＋＋）和递减（－－）来处理运算,也可以使用内置的 Math 对象的方法处理数字。

3）int 数据类型

int 数据类型是介于 $-2\,147\,483\,648(-2^{31})$ 和 $2\,147\,483\,647(2^{31}-1)$ 之间的 32 位整数。早期的 ActionScript 版本仅提供 Number（数字）数据类型,该数据类型既可用于整数又可用于浮点数。在 ActionScript 3.0 中,如果不使用浮点数,那么使用 int 数据类型来代替 Number 数据类型会更快更高效。

4）unit 数据类型

unit 数据类型是 32 位的整数数据类型,其数值范围是 $1\sim4\,294\,967\,295(2^{32}-1)$。

5）Boolean 数据类型

Boolean 数据类型只有两个值,即 true（真）和 false（假）。Flash 动作脚本也会根据需要将 Boolean 数据 true 和 false 转换为 1 和 0。

6）null 数据类型

null 数据类型可以被认为是变量,它只有一个值,即 null。此值意味着"没有值",即缺少数据。在很多情况下可以指定 null 值,以指示某个属性或变量尚未赋值。

7）undefined 数据类型

undefined 数据类型也可以被认为是变量,它只有一个值,即 undefined。可以使用 undefined 数据类型检查是否已设定或定义某个变量。

2. 复杂数据类型

ActionScript 包含很多的复杂数据类型,并且用户也可以自定义复杂的数据类型,所有的复杂数据类型都是由简单数据类型组成的。

1）void 数据类型

void 数据类型仅包含一个值——undefined,用来在函数定义中指示函数不返回值。例如下面的代码：

```
//创建返回类型为 void 的函数
Function myFunction( ):void{}
```

2）Array 数据类型

在编程中,常常需要将一些数据放在一起使用,例如,一个班级所有学生的姓名,这个清单就是一个数组。在 ActionScript 中数组是极为复杂的数据结构。

Array 就是数组,是 ActionScript 中较为复杂的数据类型,它也是内建的一个核心类,其属性由标识该数组结构中位置的数字来表示。实际上,Array 是一系列项目的集合。

数组可以是连续数字索引的数组,也可以是复合数组。数组中的元素很自由,可以是 String、Number 或 Boolean,甚至是复杂的数据类型。例如,下面的代码为创建一个简单的星期数组 arrWeek:

```
var arrWeek:Array = new Array( );//使用 new 运算符创建 Array 类的实例
var arrWeek:Array = new Array("星期一"、"星期二"、"星期三"); //给数组元素赋值
var arrWeek:Array = new Array["星期一"、"星期二"、"星期三"]; //给数组元素赋值
```

3）Object 数据类型

Object(对象)是一些属性的集合,每个属性都有名称和值,属性的值可以是任何的 Flash 数据类型,也可以是 Object 数据类型,这样就可以将对象相互包含,或"嵌套"它们。要指定对象和它们的属性,可以使用点运算符"."。例如:

```
var person:Object = new Object( );        //使用 new 运算符创建 Object 类的实例
person.age = 25;                          //为 Object 定义属性并赋值
```

在上面的例子中,age 是 person 的属性,通过点运算符".",对象 person 得到了它的 age 属性值。

提示：经常用作数据类型的同义词的两个词是类和变量。例如,下面几条陈述虽然表达的方式不同,但意思是相同的。

myVariable 的数据类型是 Number。

myVariable 是一个 Number 实例。

myVariable 是一个 Number 对象。

myVariable 是 Number 类的一个实例。

3. MovieClip 数据类型

影片剪辑是 Flash 应用程序中可以播放动画的元件,它也是一个数据类型,同时被认为是构成 Flash 应用的最核心元素。

MovieClip 数据类型允许用户使用 MovieClip 类的方法控制影片剪辑元件的实例。

12.2.3 常量和变量

1. 常量

常量可以看作是一种特殊的变量,是一个用来表示其值永远不会改变的变量,比如 Math.PI 就是一个常量。任何一种语言都会定义一些内置的常量,ActionScript 语言定义了如下的内建常量。

（1）false：一个表示与 true 相反的唯一逻辑值,表示逻辑假。

（2）true：一个表示与 false 相反的唯一逻辑值,表示逻辑真。

（3）Infinity：表示正无穷大的 IEEE-754 值,trace(1/0)返回 Infinity。

（4）－Infinity：表示负无穷大的 IEEE-754 值,trace(－1/0)返回-Infinity。

（5）NaN：表示 IEEE-754 定义的非数字值,trace(0/0)返回 NaN。

（6）＊：指定变量是无类型的。

（7）null：一个可以分配给变量的或由为提供数据的函数返回的特殊值。

（8）undefined：一个特殊值，通常用来指示变量尚未赋值。

ActionScript 3.0 中增建了一个 const 关键字，用于自定义变量。使用 const 自定义变量的语法格式为：

const 常量名：数据类型＝值；

例如，声明一个 g 为 9.8 的常量：

```
const g:Number = 9.8;          //如果试图改变它的值，重新赋值时将会出现错误
```

2. 变量

变量在 ActionScript 中用于存储信息，它可以在保持原有名称的情况下使其包含的值随特定的条件而改变。在 ActionScript 中要声明变量，须将关键字 var 和变量名结合使用，譬如：

```
Var i;                         //声明了一个名为 i 的变量
```

变量可以是数值类型、字符串类型、布尔值类型、对象类型或影片剪辑类型等多种数据类型，一个变量在脚本中被指定时，它的数据类型将影响变量的改变。

（1）变量的命名规则。

一个变量是由变量名和变量值构成，变量名用于区分变量的不同，变量值用于确定变量的类型和数值，在动画的不同位置可以为变量赋予不同的数值。在 Flash CS6 中为变量命名必须遵循以下规则。

① 变量名必须是一个标识符，标识符开头的第一个字符必须是字母，其后的字符可以是数字、字母或下画线。

② 变量的名称不能使用 Flash CS6 中 ActionScript 的关键字或命名名称，如 true、false、null 等。

③ 对变量的名称设置尽量使用具有一定含义的变量名。

④ 它在其范围内必须是唯一的，不能重复定义变量。

（2）变量的赋值。

在早期 ActionScript 1.0 版本中声明变量时，不需要用户去考虑数据的类型，但自从升级到 ActionScript 2.0 以后，声明变量时就要首先声明变量的类型，下面是声明变量的格式：

```
var variableName:datatype = value;
// variableName 为定义的变量名，datatype 为数据类型，value 为变量值
```

例如，var name :String＝"Jack"，age:Number＝25；

其含义为：声明了一个字符串型变量 name 和一个数值型变量 age 并对它们赋值。

提示：在声明变量时，变量的数据类型必须与赋值的数据类型一致，例如，变量设置的数据格式是字符，结果却给它赋数字，这样是错误的。此外，对于 ActionScript 3.0 的数据类型来说，都有各自的默认值。例如，Boolean 型变量的默认值是 false，int 型变量的默认值是 0，＊型变量的默认值是 undefined。

（3）变量的作用域。

变量的作用域是指这个变量可以被引用的范围，ActionScript 中的变量可以是全局的，也可以是局部的，全局变量可以被所有时间轴共享，局部变量只能在它自己的代码片段中有效（{}之间的代码段）。

在一个函数的主要部分中运用局部变量是一个很好的习惯，通过定义局部变量可以使这个函数称为独立的代码段，需要在别处使用这个代码段，直接将其调用即可。

12.2.4 运算符和表达式

运算符指的是能够提供对常量和变量进行运算的特定符号。在 ActionScript 中有大量的运算符，包括整数运算符、字符串运算符和二进制数字运算符号等。表达式是运算符将常量、变量和函数以一定的运算规则组织在一起的运算式。表达式可以分为算术表达式、字符串表达式和逻辑表达式三种类型。

1. 运算符的类型

在 Flash CS6 中，运算符具体可以分为数字运算符、比较运算符、字符串运算符、逻辑运算符、位运算符、等于运算符和赋值运算符。

1）数字运算符

数字运算符可以执行加法、减法、乘法、除法运算，也可以执行其他算术运算，各类数字运算符见表 12-1。

表 12-1 数字运算符

运算符	执行的运算	运算符	执行的运算
+	加法	—	减去
*	乘法	++	递增
/	除法	——	递减
%	求模（除后的余数）		

2）比较运算符

比较运算符用于比较数值的大小，比较运算符返回的是 Boolean 类型的数值：true 和 false。比较运算符通常用于 if 语句或者循环语句中进行判断和控制。各类数字比较运算符见表 12-2。

表 12-2 比较运算符

运算符	执行的运算	运算符	执行的运算
<	小于	<=	小于或等于
>	大于	>=	大于或等于

3）字符串运算符

字符串运算符用于对两个或两个以上字符串进行连接、连接赋值和比较大小等的运算。各类字符串运算符见表 12-3。

表 12-3　字符串运算符

运算符	执行的运算	运算符	执行的运算
+	连接（合并）	<	小于
+=	连接并赋值	>	大于
==	相等	<=	小于等于
!=	不相等	>=	大于等于
!==	不全等	"	分隔符

4）逻辑运算符

逻辑运算符是用在逻辑类型的数据中间，也就是用于连接布尔变量，Flash 中提供的逻辑运算符有三种。各类逻辑运算符见表 12-4。

表 12-4　逻辑运算符

运算符	执行的运算	运算符	执行的运算
&&	逻辑"与"	!	逻辑"非"
||	逻辑"或"		

5）位运算符

位运算符是对数字的底层操作，主要是针对二进制的操作，Flash 中常见的位运算符见表 12-5。

表 12-5　位运算符

运算符	执行的运算	运算符	执行的运算
&	按位"与"	~	按位"非"
|	按位"或"	<<	左移位
^	按位"异或"	>>	右移位

6）等于运算符

使用等于运算符可以确定两个运算数的值或标识是否相等。这个比较运算符会返回一个布尔值。如果运算符为字符串、数字或布尔值，它们会按照值进行比较；如果运算符是对象或数组，它们将按照引用进行比较，各类等于运算符见表 12-6。

表 12-6　等于运算符

运算符	执行的运算	运算符	执行的运算
==	等于	!=	逻辑"非"
===	全等于	!===	不全等

7）赋值运算符

使用赋值运算符可以对一个变量进行赋值，如下所示：

```
name = "Tom";
```

还可以使用复合赋值运算符来联合运算，复合赋值运算符会对两个运算对象都执行，然后把新的值赋给第一个运算对象，如下所示：

i+=50;它相当于:i=i+50;

各类赋值运算符见表 12-7。

表 12-7　赋值运算符

运算符	执行的运算	运算符	执行的运算
=	赋值	<<=	按位左移并赋值
+=	相加并赋值	>>=	按位右移并赋值
-=	相减并赋值	>>>=	按位右移并赋值
*=	相乘并赋值	&=	按位"与"并赋值
/=	相除并赋值	|=	按位"或"并赋值
%=	求模并赋值	^=	按位"异或"并赋值

2. 运算符优先级和结合律

在一个语句中使用两个或多个运算符时,一些运算符会优先于其他的运算符。ActionScript 动作脚本按照一个精确的层次来确定首先执行哪个运算符。当两个或多个运算符优先级相同时,它们的结合律会确定它们的执行顺序。结合律的结合顺序可以从左到右或者从右到左(见表 12-8)。

表 12-8　结合律从右向左

运算符号	意义	结合规则
?:	三元条件运算符	从右向左
=,*=,/=,+=,-=,&=,|=,^=,<<=,>>=。>>>=	赋值运算符	从右向左

12.2.5　语句和函数

1. 语句

ActionScript 语句就是动作(或者命令),动作可以相互独立地运行,也可以在一个动作内使用另一个动作,从而达到嵌套效果,使动作之间可以相互影响。条件语句及循环语句是制作 Flash 动画时经常用到的两种语句,使用它们可以控制动画的进行,从而达到与用户交互的效果。

1) 条件语句

条件语句用于决定在特定条件下才执行的命令,或者针对不同的条件执行具体操作。在制作交互性动画时,使用条件语句,只有当符合设置的条件时,才能执行相应的动画操作。在 Flash CS56 中,条件主要有 if…else 语句、if…else if…和 switch 三种。

(1) if…else 语句

if…else 语句判断一个控制条件,如果该条件能够成立,则执行一个代码块,否则执行另一个代码块。if…else 语句基本格式如下:

```
if(条件表达式){
//语句块 1
}
else
{
```

```
//语句块 2
}
```

示例：下面的代码测试分数 score 与 60 大小的判断，如果 score 大于或等于 60，则输出"恭喜您，及格了!"，否则输出"很遗憾，您没及格!"。

```
var score:Number = 80;
if (score > = 60){
  trace("恭喜您,及格了!");
else{
  trace("很遗憾,您没及格!");
}
//测试结果为: "恭喜您,及格了!"
```

（2）if…else if…语句

if…else 语句执行的操作最多只有两种选择，要是有更多的选择，那就可以使用 if…else if…条件语句（相当于使用了多个 if…else 语句）。

示例：根据分数输出等级。

```
var score:Number = 85;
if (score > = 90){
  trace("A");
else if(score > = 80){
  trace("B");
}
else if(score > = 70){
  trace("C");
}
else if(score > = 60){
  trace("D");
}
Else{
  trace("E");
}
//测试结果为: B
```

（3）switch 语句

switch 语句相当于一系列的 if…else if…语句，但是要比 if 语句清晰得多。switch 语句不是对条件进行测试以获得布尔值，而是对表达式进行求值并使用计算结果来确定要执行的代码块。代码块以 case 语句开头，以 break 语句结尾。switch 语句格式如下：

```
switch(表达式){
case 常量表达式 1:
        //语句块 1
        break;
case 常量表达式 2:
        //语句块 2
        break;
case 常量表达式 3:
        //语句块 3
```

```
        break;
…
default:
    //默认执行的语句块 n + 1
}
```

示例：由 grade 的 A、B、C、D、E 5 个等级来判断成绩的分数段。

```
switch(grade){
case 'A':
        trace("90 分以上");
        break;
case 'B':
        trace("80 - 90 分");
        break;
case 'C':
        trace("70 - 79 分");
        break;
case 'D':
        trace("60 - 69 分");
        break;
default:
trace("< 60 分");
        break;
}
```

2）循环语句

循环类动作主要控制一个动作重复的次数，或是在特定的条件成立时重复动作。在 Flash CS6 中可以使用 while、do…while、for、for…in 和 for each…in 循环语句创建循环。

（1）while 循环语句

while 循环语句是典型的"当型循环"语句，意思是当满足条件时，执行循环体的内容。while 循环体语句语法格式如下：

```
while(循环条件){
//循环执行的语句块
}
```

示例：if 条件语句与 while 循环语句综合运用。

```
var i:Number = 0;
  while(i < = 10){
    if(i % 3 = = 0){
      i++
      continue;
      }
trace(i);
i++;
}
```

（2）do…while 循环语句

do…while 循环是另一种 while 循环，它保证至少执行一次循环代码块，这是因为其是在执行代码块后才会检查循环条件。do…while 循环语句语法格式如下：

```
do{
  //循环执行的语句块
}while(循环条件)
```

（3）for 循环语句

for 循环语句是 ActionScript 编程语言中最灵活，应用最为广泛的语句。for 循环语句语法格式如下：

```
for(初始化：循环条件：步进语句){
  //循环执行的语句块
}
```

（4）for…in 和 for each …in 循环语句

for…in 和 for each …in 循环语句都可以用于循环访问对象属性或数组元素。下面分别使用这两种语句来访问对象中的属性。例如，下列两种语句均输出 x:20,y:30。

```
//定义一个对象 dx,并添加属性 x 和 y
var dx:Object = {x:20,y:30}
//执行 for 遍历操作
for(var i: String in dx){
//输出属性名称和属性值
trace("for in 语句输出：" + i + ":" + dx[i]);
}
//定义一个对象 dx,并添加属性 x 和 y
var dx:Object = {x:20,y:30}
//执行 for each 遍历操作
for each(var k:String in dx){
//输出属性值
trace("for each 语句输出：" + k);
}
```

2. 函数

在程序设计的过程中，函数是一个革命性的创新。利用函数编程，可以避免冗长、杂乱的代码，利用函数编程，可以重复利用代码，提高程序效率；利用函数编程，可以遍历地修改程序，提高编程效率。

函数的准确定义为：执行特定任务，并可以在程序中重用的代码块。严格来讲，在 ActionScript 中，"函数闭包"和"方法"都属于函数的范畴。两者的区别在于，函数闭包是指与对象和类无关的函数类型，而方法则是指一个类或对象所包含的函数。在讲解函数时，暂时不明确两者的区别。在 ActionScript 中，函数又分为系统内置函数和用户自定义函数两种。

1）系统内置函数

（1）预定义函数

又称为"全局函数"或"顶级函数"，包括控制台输出函数、类型转换函数、转义操作函数及判断函数。各函数及功能见表 12-9。

表 12-9

类 别	函 数	功 能
控制台输出函数	trace( )	将表达式的值显示在"输出"面板上
类型转换函数	int( )	将给定数值转换成十进制数值,按位右移并赋值
	unit( )	将给定数值转换成无符号十进制整数值,按位右移位填零并赋值
	Boolean( )	将一个对象转换成逻辑值
	Number( ),String( )	将一个对象转换成数字或字符串
	parseInt( )	将字符串转换成整数
	parseFloat( )	将字符串转换成浮点数
	XML( ),XMLList( )	将表达式转换成 XML 或 XMLList 对象
转义操作函数	encodeURL( )	将文本字符串编码为一个有效的 URL
	decodeURL( )	将 URL 解码为文本字符串(反向转义)
	escape( )	转换为字符串,并以 URL 格式编码
	unescape( )	将一个字符串从 URL 格式中解码(反向转义)
判断函数	isNaN( )	判断某个数值是否为数字
	isXMLName( )	判断某个数值是否为有限数
	isFinite( )	判断字符串是否为 XML 元素或属性值的有效名称

(2)包内函数

还有一些函数在一定的包内,包可以理解为本地磁盘中的文件夹,通过文件夹可以管理不同的文件。同样,不同的包可以管理不同的函数和类。如果在时间轴上编程,不用理会函数在哪个包内,但进行类编程时,如果使用包内的函数,必须要先导入包,才能使用这些函数。

(3)类中方法

从面向对象编程的角度来说,函数就是方法。在类结构中,也可以通过对函数的再次抽象,形成类中的"方法",例如,常用于控制影片剪辑回放的"时间轴控制函数"(即ActionScript 动作脚本命令)就是 MovieClip 类中的方法。时间轴控制函数及功能见表 12-10。

表 12-10

函 数	功 能
play( )	在时间轴中向前移动播放头
stop( )	停止时间轴中移动的播放头
stopALLSounds( )	在不停止播放头的情况下,停止 SWF 文件中当前正在播放的所有声音
nextFrame( )	将播放头转到下一帧
nextScence( )	将播放头转到下一场景的第 1 帧
preFrame( )	将播放头转到上一帧
preScence( )	将播放头转到上一场景的第 1 帧
gotoAndPlay(n,[场景])	将播放头转到场景的第 n 帧并从该帧开始播放(场景可省略,n 为要跳转的帧数)
gotoAndStop(n,[场景])	将播放头转到场景的第 n 帧并停止播放(场景可省略,n 为要调整的帧数)

(4) 其他

如数学函数 Math. random( )、Math. sin( )与 Math. ceil( )以及数组函数 concat( )、push( )、Shift( )等,此处不再赘述。

2) 用户自定义函数

Flash CS6 允许用户自定义函数来满足程序设计的需要。同系统内置函数一样,自定义函数可以返回值、传递参数,也可以在定义函数后被任意调用。

(1) 函数定义

在 ActionScript 3.0 中有两种定义函数的方法:一种是常用的函数语句定义法;另一种是 ActionScript 中独有的函数表达式定义法。原则上,推荐使用常用的函数语句定义法,因为这种方法更加简洁,更有助于保持严格模式和标准模式的一致性。

① 函数语句定义法是程序语言中基本类似的定义方法,使用 function 关键字来定义,其格式如下:

```
Function 函数名(参数 1:参数类型,参数 2:参数类型,…):返回类型
{
//函数体
}
```

② 函数表达式定义法有时也称为函数字面值或匿名函数。这是一种较为繁杂的方法,在早期的 ActionScript 版本中广为使用。其格式如下:

```
Var 函数名:Function = function(参数 1:参数类型,参数 2:参数类型,…):返回类型
{
//
}
```

(2) 函数调用

要调用自定义函数,直接使用"函数名(参数 1,参数 2,…,参数 n)"方式调用即可。在调用参数时,参数必须严格数量和严格数据类型,并且参数是有顺序的,就像使用预定义函数那样。

例如,定义一个加法函数 addFunc( ),计算两个数之和。代码如下:

```
Function addFunc( a:Number,b:Number):void
{
trace(a + b)
}
addFunc(6,4);            //函数调用,输出值 10.
```

12.3　ActionScript 3.0 类的创建和使用

ActionScript 3.0 是为面向对象编程(object oriented programming,OOP)而准备的一种脚本语言。面向对象编程,是 20 世纪 90 年代才流行的一种软件编程方法,被公认为是"自上而下"编程的优胜者。面向对象编程在 Flash 5 已经开始支持,但语法不是业界传统的语言格式;ActionScript 2.0 在面向对象的编程上有很大进步,但是并不完全符合标准,

存在很多问题。ActionScript 3.0的推出基本解决了ActionScript 2.0中存在的问题,并做了很多的改进,使其相对于其他OOP语言更简单易学。Flash面向对象编程涉及类、对象、接口和命名空间等有关概念,在此简单介绍类和对象的基本概念。

1. 类

类(class)就是具有相同或相似性质的对象的抽象,是一群对象(object)所共有的特性和行为。因此,对象的抽象是类,类的具体化就是对象,也可以说类的实例是对象。类具有属性,它是对象的状态的抽象,用数据结构来描述类的属性。类具有操作,它是对象的行为的抽象,用操作名和实现该操作的方法来描述。使用类来存储对象可保存的数据类型,及对象可表现的行为信息。要在应用程序开发中使用对象,就必须准备好一个类,这个过程就好像只作好一个元件并把它放在库中,随时可以拿出来使用。类具有封装、继承和多态三大特性。

1) 封装

封装(encapsulation)的主要特点是数据隐藏。封装隐藏了类的内部实现机制,使用者只需要关心类所提供的功能。例如电视遥控器,使用者并不知道电视遥控器的内部结构以及它如何与电视机交互,但这并不影响使用电视遥控器来收看电视,只需知道按对应的遥控键会产生什么样的功能即可。举个代码例子:

```
package{
    public class Controller{
        public function OpenTV(){
            trace("open tv now");
            }
        public function CloseTV(){
          trace("close tv now");
          }
      }
}
conObj = new Controller();
conObj.OpenTV();
conObj.CloseTV();
```

此处定义了一个Controller(遥控器)类,这个类里面有两个实例方法,conOjb是实例化出来的一个Controller对象,通过conObj对象调用了OpenTV、CloseTV这两个方法,只需要知道调用OpenTV可以打开电视,调用CloseTV可以关闭电视即可,并不需要知道这两个方法的内部到底是如何实现的。对外部调用者来说隐藏了复杂的内部实现就可以很方便地进行使用;对于开发者来说,可以防止一些数据被非法访问,提高了安全性。

2) 继承

继承(inheritance)是面向对象技术的一个重要概念,也是面向对象技术的一个显著特点。继承是指一个对象通过继承可以使用另一个对象的属性和方法。准确地说,继承的类具有被继承类的属性和方法。被继承的类,称为基类或者超类,也可以称为父类;继承出来的类,称为扩展类或者子类。继承是封装的延伸,若想实现继承必须通过封装才能实现。继承是通过封装进行代码复用的一种方式,是实现多态的基础。

类的继承要使用extends关键字来实现。其语法格式如下:

```
package
{
class 子类名称 extends 父类名称{
}
}
```

3) 多态

多态(polymorphism)是指相同的操作或函数,过程可用于多种类型的对象上并获得不同的结果,实现"一种接口,多种方法"。不同的对象,收到同一消息可以产生不同的结果,这种现象称为多态性。也就是说在父类定义的接口,这种接口的各种具体实现放在它的子类当中,在程序运行的过程中,动态地根据子类的类型来调用这种接口的具体实现。

2. 对象

1) 属性

属性是对象的基本特性,如影片剪辑的大小、位置、颜色等,它表示某个对象中绑定在一起的若干数据块中的一个。Flash 中可以通过"属性"面板设置,也可以在程序运行以后对它进行控制、设置。对象的属性通用结构为:

对象名称(变量名).属性名称;

如下面的三个语句:

```
yp_mc.x = 200
yp_mc.y = 300
var ratio:Number = Math.PI
```

前两个语句中的 yp_mc 为影片剪辑对象,x 和 y 就是对象的属性,通过这两个语句可以设置名称为 yp_mc 的影片剪辑对象的 x 与 y 轴属性坐标值分别为 200 像素与 300 像素;第三个语句直接访问 Math 的 PI 属性。

2) 方法

方法是指可以由对象执行的操作。如 Flash 中创建的影片剪辑元件,使用播放或者停止命令控制影片剪辑的播放与停止,这个播放与停止就是对象的方法。对象的方法通用结构为:

对象名称(变量名).方法名();

对象的方法中的小括号用于指示对象执行的动作,可以将值或变量放入小括号中,这些值或变量称为方法的"参数",如下面的语句:

```
myMovie_mc.gotoAndPlay(10);
```

上面语句中的 myMovie_mc 为影片剪辑对象,gotoAndPlay 就是控制影片剪辑跳转并播放的方法名,小括号中的"10"则是执行方法的参数。

再如下面的三条语句:

```
var myNumber:Number = new Number(123);      //创建 Number 类的实例化 myNumber 对象
myNumber.toString(16);                       //调用 myNumber 对象的 toString 方法
var myValue:Number = Math.floor(5.5);        //直接调用 floor 方法
```

3）事件

事件是指触发程序的某种机制，例如，单击某个按钮，就会执行跳转播放帧的操作，这个单击按钮的过程就是一个"事件"，通过单击按钮的事件激活了跳转播放帧的操作，在ActionScript 3.0 中，每个事件都由一个事件对象表示。事件对象是 Event 类或其某个子类（鼠标类 MouseEvent、键盘类 KeyBoardEvent 和文本类 TextEvent 等）的实例。事件对象不但存储有关特定时间的信息，还包含便于操作事件对象的方法。例如，当 Flash Player 检测到鼠标单击时，它会创建一个事件对象（MouseEvent 类的实例）以表示该特定鼠标单击事件。

为响应特定事件而执行的某些动作的计数称为"事件处理"。在执行事件处理ActionScript 代码中，包含以下三个重要元素。

（1）事件源。指发生该事件的是哪个对象，例如，哪个按钮会被单击，或哪个 Loader 对象正在加载图像。这个按钮或 Loader 对象就称为事件源。

（2）事件。指将要发生什么事情，以及希望响应什么事情。如单击按钮或鼠标移到按钮上，这个单击或鼠标移到就是一个事件。

（3）响应。当事件发生时，希望执行哪些步骤。

在 ActionScript 3.0 中编写事件侦听器代码会采用以下基本结构：

```
Function eventResponse(eventObject:EventType):void
{
//此处是为响应事件而执行的动作
}
eventTarge.addEventListener(EventType,EVENT_NAME,EventResponse);
```

此代码执行两个操作：首先，它定义一个函数，这是指定为响应事件而执行的动作的方法。接下来，调用对象的 addEventListener()方法，实际上就是为指定事件"订阅"出函数，以便当该事件发生时，执行该函数的动作。当事件实际发生时，事件目标将检查其注册为事件侦听器的所有函数和方法的列表，然后依次调用每个对象，以将事件对象作为参数进行传递。

12.4　制作漂浮的泡泡——丰富"序幕"场景

任务：利用文件"浮动的泡泡.fla"制作的"泡泡"影片剪辑元件为"序幕"场景制作一个泡泡纷纷扬扬向上漂浮的场景。完成后的"序幕"场景效果如图 12-7 所示。

1. 制作泡泡元件

（1）启动 Flash CS6，新建一个 ActionScript 3.0 文档，然后执行"修改"|"文档"菜单命令，打开"文档设置"对话框，设置"尺寸"为 800 像素（宽度）×600 像素（高度）。

（2）执行"文件"|"保存"菜单命令，打开"另存为"对话框，将文档存储为"浮动的泡泡.fla"。

（3）执行"插入"|"新建元件"菜单命令，创建一个名称为"泡泡"的影片剪辑元件。

（4）绘制泡泡，如图 12-8 所示。

① 选择"工具箱"中的"椭圆工具"。

② 在"颜色"面板中设置笔触颜色为无，填充颜色为纯色"♯5DFFFF"，Alpha 为"20%"。

图 12-7　泡泡上浮动画效果

图 12-8　泡泡图形

③ 在"气泡"图层第 1 帧绘制一个正圆。

④ 调整"颜色"面板中 Alpha 值为"30％"。

⑤ 在"反光"图层绘制小椭圆。

⑥ 选择"工具箱"中的"选择工具"。

⑦ 修改小椭圆形状，并调整位置，看似气泡的反光点。

（5）保存文档。

2. 引入"序幕"场景

（1）打开"校园的早晨.fla"和"浮动的泡泡.fla"文档。

（2）在"校园的早晨.fla"文档"序幕"场景中新建图层，重命名为"泡泡"。

（3）在"库"面板中利用跨库操作将"浮动的泡泡.fla"库中"泡泡"影片剪辑元件拖入到"校园的早晨.fla"文档中，如图 12-9 所示。

① 在打开的两个文件中，选择"校园的早晨.fla"为当前文件。

② 在"库"面板的下拉列表中选择"浮动的泡泡.fla"，将库中的"泡泡"影片剪辑元件拖入到"序幕"场景"泡泡"图层第 1 帧的舞台上。

③ 在"库"面板的下拉列表中返回"校园的早晨.fla"，此时"泡泡"影片剪辑元件已添加到当前库中；然后将舞台中的"泡泡"影片剪辑元件实例删掉。

图 12-9　跨库使用元件

3. 制作多泡泡浮动影片剪辑元件

（1）创建"泡泡浮动"影片剪辑元件。

① 按快捷键 Ctrl＋F8，在弹出的"创建新元件"对话框中，类型选择"影片剪辑元件"，名称为"泡泡浮动"，单击"确定"按钮；将库中的"泡泡"影片剪辑元件拖入舞台的正中央（使用"对齐"面板调整）。

② 在"库"面板中右击"泡泡浮动"影片剪辑元件，在弹出的快捷菜单中选择"属性"菜单命令，打开"元件属性"对话框，选中"高级"选项中"为 ActionScript 导出"复选框，在"类"文本框中输入 paopao，如图 12-10 所示，单击"确定"按钮。

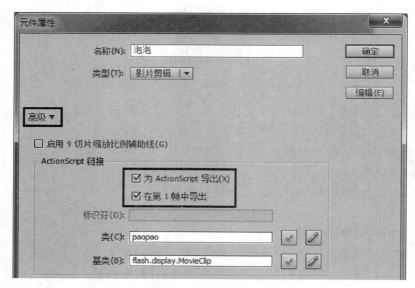

图 12-10　"元件属性"对话框

（2）为"泡泡"影片剪辑元件添加引导动作，实现一个泡泡向上漂浮的效果，如图 12-11 所示。

① 右击"图层 1"，在弹出的快捷菜单中选择"传统运动引导层"命令，在"图层 1"上方增加一个引导层。

② 用"铅笔工具"在引导层中以元件中心为起点绘制一条从下至上的运动引导路径。

③ 分别在"引导层"和"图层 1"第 40 帧处插入关键帧。

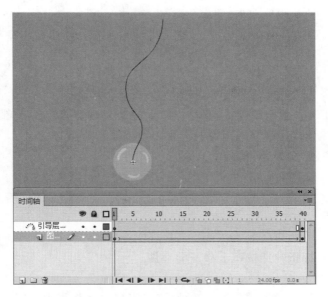

图 12-11　"泡泡浮动"影片剪辑元件的时间轴

④ 将"图层 1"第 40 帧处气泡中心点调整至路径另一端对齐。

⑤ 右击第 1 帧至第 40 帧之间任意一帧,在弹出的快捷菜单中选择"创建传统补间"命令。

4. 添加"泡泡浮动"影片剪辑元件到"序幕"场景

(1) 在"序幕"场景中新建一个图层,重命名为"泡泡",如图 12-12 所示。

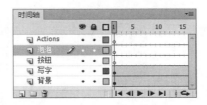

图 12-12　新建图层

(2) 执行"窗口"|"动作"菜单命令或按 F9 键,打开"动作"面板,在脚本编辑窗口中输入如下代码:

```
var i:int = 1;
function jiapaopao(evt:Event){
//如果舞台上泡泡的个数小于 10,就要继续从库中加载泡泡实例
If(i < 10){
var mc:paopao = new paopao();
mc.name = "paopao" + i;
//泡泡 x 坐标在舞台 x 坐标的 0~800 处随机出现,因为舞台的宽度为 800
mc.x = Math.random() * 800;
//泡泡 y 坐标在舞台 y 坐标的 0~600 处随机出现,因为舞台的高度为 600
mc.y = Math.random() * 600;
//随机控制泡泡的宽和高为它自身的 0.1~1 倍
mc.scaleX = mc.scaleY = Math.random() * 0.6 + 0.4;
```

```
mc.alpha = 0.3 + 0.6 * Math.random();
i++;
addChild(mc);
    }
}
addEventListener(Event.ENTER_FRAME,jiapaopao);
```

（3）按 Ctrl＋Enter 组合键观看动画效果，此时会发现屏幕上每次都有小于 10 个数量的泡泡在由下向上浮动，这些泡泡出现的位置和大小都是随机的。

（4）执行"文件"|"保存"菜单命令。

思考与练习

1. 单选题

（1）（　　）是鼠标指针从按钮上移开的事件。

    A. press   B. rollOut   C. release   D. rollover

（2）当需要让影片在播放过程中自动停止时，可以将动作脚本绑定到（　　）。

    A. 图形   B. 帧   C. 按钮   D. 图形

2. 判断题

（1）Flash 脚本代码不区分大小写。　　　　　　　　　　　　　　　　（　　）

（2）动作脚本可以添加在关键帧，也可以添加在影片剪辑和按钮实例上。　（　　）

第13章 声音和视频

声音可以使动画更加生动起来,本任务将一幅"电影海报"作为主题,为其添加背景音乐,实现音乐的淡入、淡出,左声道、右声道,音量大小等效果,使已有的动画更富表现力。

13.1 在动画中使用声音

13.1.1 声音格式

在 Flash 中可以通过导入命令,将外界各种类型的声音文件导入到动画场景中,其中 Flash 支持的声音文件格式有以下类型,如表 13-1 所示。

表 13-1 在 Flash 中支持被导入的声音类型

文件格式	适用环境
WAV	Windows
MP3	Windows 或 Ma COS
AIFF	Ma COS
如果系统中安装了 QuickTime4 或更高版本,则可导入如下声音文件格式	
AIFF	Windows 或 Ma COS
SOUND Desinger Ⅱ	Ma COS
QuickTime 声音影片	Windows 或 Ma COS
Sun AU	Windows 或 Ma COS
System 7 声音	Ma COS
WAV	Windows 或 Ma COS

13.1.2 为对象添加声音

当准备好所需要的声音素材后,通过导入的方法,可以将其导入库中或者舞台中,从而添加到动画中,以增强 Flash 作品的吸引力。

1. 导入声音

声音和图片的导入方法类似,选择"文件"|"导入"|"导入到库"菜单命令,弹出"导入到库"对话框,选择所需的声音文件,单击"打开"按钮,即可将音频文件导入到"库"面板中,并以一个喇叭图标标识,如图 13-1 所示。

2. 添加声音

要将声音从库中添加到文档中,可以把声音插入到图

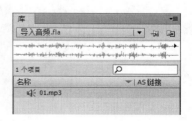

图 13-1 "库"面板音频素材

层中,建议将每个声音放在一个独立的图层中,使得每个层都作为一个独立的声音通道。

声音导入到"库"面板之后,选中图层,只需将声音从"库"中拖入舞台中,即可添加到当前图层中。

13.1.3 在 Flash 中编辑声音

在时间轴上,选中包含声音图层的第 1 帧,打开"属性"面板,如图 13-2 所示,可以查看音频文件的属性,也可以对声音的效果进行设置或编辑,如剪裁、改变音量和使用 Flash 预置的多种声效对声音进行设置。

1. 设置声音的效果

在"属性"面板"声音"栏中的"效果"下拉列表框中提供了多种播放声音的效果选项。其各个下拉选项的含义分别介绍如下。

(1)无:不对声音文件应用效果,选择此项将删除以前应用的效果。

(2)左声道/右声道:旨在左声道或右声道播放音频。

(3)从右到左淡出:声音从右声道传到左声道。

(4)从左到右弹出:声音从左声道传到右声道。

(5)淡入:表示在声音的持续时间内逐渐增大音量。

图 13-2 音频文件"属性"面板

(6)淡出:表示在声音的持续时间内逐渐减小音量。

(7)自定义:自己创建声音效果,选择该选项,弹出"编辑封套"对话框,在该对话框中可自定义声音的淡入点和淡出点,如图 13-3 所示。在"编辑封套"对话框中,分为上、下两个

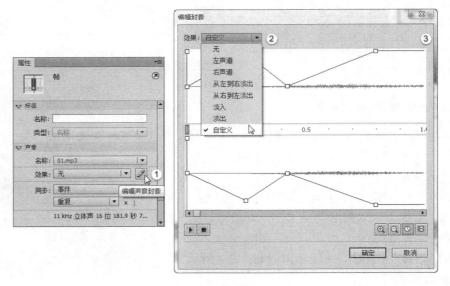

图 13-3 "编辑封套"对话框

编辑区,上方代表左声道波形编辑区,下方代表右声道波形编辑区,在每一个编辑区的上方都有一条带有小方块的控制线,可以通过控制线调整声音的大小、淡入和淡出等。

2. 设置声音的同步方式

同步是设置声音的同步类型,即设置声音与动画是否进行同步播放。"声音"栏中"同步"下拉列表(如图 13-4 所示)的各个选项含义分别介绍如下。

1) 事件

事件是 Flash 中所有声音默认的同步选项,如果不为声音设置其他类型的同步方式,声音就自动作为事件声音。如果将声音和一个事件的发生过程同步起来,选择该选项,必须等声音全部下载完毕后才能播放动画。事件声音(如用户单击某按钮时播放的声音)在显示其起始关键帧时播放,并独立时间轴播放完整个声音,即使影片停止也继续播放。事件声音是最容易实现的一种同步方式,适用于背景音乐和其他不需要同步的音乐。

图 13-4 "声音"同步

2) 开始

与事件近似,唯一不同的是当声音被设置为开始时它停下来并重新开始。例如,将一个两秒长的声音分别添加给三个按钮的指针经过状态,这样当鼠标经过任何一个按钮时声音就会开始播放,当鼠标经过第二个和第三个按钮时声音又会重新开始播放。

3) 停止

可以使正在播放的声音文件停止。

4) 数据流

与传统视频编辑软件里的声音相似,数据流类型的声音锁定在时间轴上,比视频内容具有更高的优先级别。当播放影片时,Flash 会试图使视频内容与声音同步,当视频内容过于复杂或系统运行速度较慢时,Flash 会跳过或丢弃一些帧中的视频内容来实现与声音的同步。当影片结束时声音也会停止,或者当播放指针离开最后一个包含数据流声音的帧时,声音会停止,数据流声音可应用于在 Web 站点上播放。

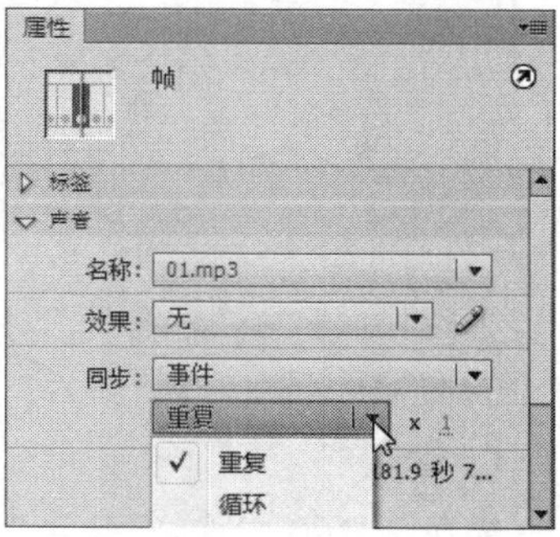

3. 设置声音的重复播放

图 13-5 "声音"重复方式

如果要使声音在影片中重复播放,可以在"属性"面板中设置声音重复或者循环播放。在"声音"栏的"循环"下拉列表框中有两个选项,如图 13-5 所示。

1) 重复

选择该选项,在如图 13-5 所示的文本框中可以设置播放的次数。默认的是播放一次。

2) 循环

选择该选项,声音无限次重复。

13.1.4 在 Flash 中优化声音

在 Flash 动画中加入声音可以极大地丰富动画表现效果,但如果声音不能很好地与动画衔接或者声音文件太大影响了 Flash 的运行速度,效果就会大打折扣,因此需要通过对声音优化与压缩来调节声音品质和文件大小以达到最佳平衡。

首先,在"库"面板中选择音频文件,在"喇叭"图标上双击,弹出"声音属性"对话框,在"声音属性"对话框中,对当前音频的压缩方式进行调整,也可以重命名音频文件,如图 13-6 所示。

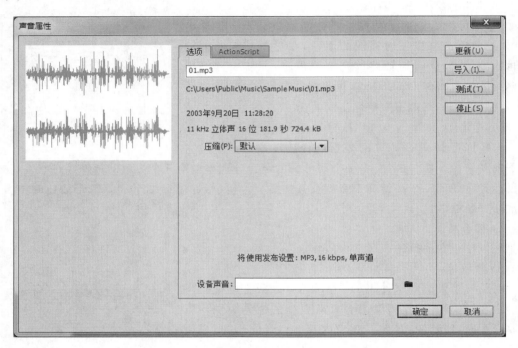

图 13-6 "声音属性"对话框

然后,打开"声音属性"对话框。在该对话框的"压缩"下拉列表框中包含"默认"、ADPCM、MP3、Raw 和"语音"5 个选项,如图 13-7 所示。下面将分别对其进行介绍。

1. 默认

选择该压缩方式,将使用"发布设置"对话框中的默认声音压缩设置。

2. ADPCM

ADPCM 压缩适用于对较短的事件声音进行压缩,如按钮音效。选择该选项后,会在"压缩"下拉列表框的下方出现有关 ADPCM 压缩的设置选项,如图 13-8 所示。

其中,ADPCM 各主要选项的含义如下。

1) 预处理

如果选中"将立体声转换为单声道"复选框,会将混合立体声转为单声道,文件大小相应减小。

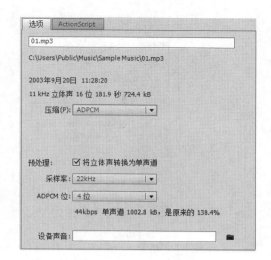

图 13-7 "声音属性"压缩   图 13-8   ADPCM 压缩设置选项

2）采样率

采样率是指将单位时间内对音频信号采样的次数,用赫兹(Hz)表示。适当调整采样率技能增强音频效果,又能减少文件的大小。较低的采样率可减小文件,但也会降低声音品质。Flash 不能提高导入声音的采样率。例如,导入的音频为 11kHz,即使将它设置为 22kHz,也只是 11kHz 的输出效果。在 Flash CS6 中,声音采样率与声音品质的关系如表 13-2 所示。

表 13-2   声音采样率与声音品质的关系

采样率	声音品质
5kHz	仅能达到一般声音的质量,例如电话、人的讲话等简单声音
11kHz	一般音乐的质量,是 CD 音质的四分之一
22kHz	可以达到 CD 音质的一半,一般都选用这样的采样率
44kHz	标准的 CD 音质,可以达到很好的听觉效果

3）ADPCM 位

设置编码时的比特率,下拉选项中 2～5 位的选项,数值越大生成的声音音质越好,而声音文件也就越大。

3. MP3

MP3 压缩一般用于压缩较长的流式声音,它的最大特点就是接近于 CD 的音质。选择该选项,会在"压缩"下拉列表框的下方出现有关 MP3 压缩的设置选项,如图 13-9 所示。其中各主要选项的含义如下。

1）比特率

用于决定导出的声音文件每秒播放的位数。导出声音时,可将比特率设为 16kb/s 或更高,以获得最佳效果。

2）品质

可以根据压缩文件的需求,进行适当的选择。在该下拉列表框中包含"快速""中"和"最

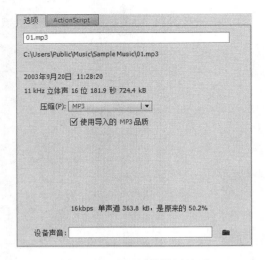

图 13-9　MP3 压缩设置选项

佳"三个选项。

4. Raw

Raw 压缩选项导出声音文件时不进行压缩。

5. 语音

"语音"压缩选项是用一种特别适合于语音的压缩方式。

13.1.5　添加背景音乐

任务：为"校园的早晨.fla"文档添加声音效果。

1. 为"序幕"中"Start"按钮添加声音

（1）准备工作。

① 打开"校园的早晨.fla"文档"序幕"场景。

② 在"库"面板中双击"开始"按钮元件，使其处于编辑状态。

③ 单击"插入图层"按钮，插入一个新图层，重命名为"提示音"。

④ 选择"文件"|"导入"|"导入到库"菜单命令，导入音乐文件"bell. mp3"和"ring. mp3"。

（2）添加音乐。

① 右击"提示音"图层"鼠标经过"帧，在弹出的快捷菜单中选择"插入空白关键帧"菜单命令，从"库"面板中拖曳"bell. mp3"到舞台上释放，即在该帧中添加了提示声音。

② 同样方法为"按下"帧添加"ring. mp3"，如图 13-10 所示。

图 13-10　添加声音后的"时间轴"面板

（3）设置同步方式。

① 单击"属性"面板中"同步"下拉菜单。

② 选择"事件"同步类型。

（4）保存文档。

2.为"主场景"添加背景声音

（1）准备工作。

① 打开"校园的早晨.fla"文档。

② 使"主场景"处于编辑状态。

（2）导入声音文件。

① 选择"文件"|"导入"|"导入到舞台"菜单命令，导入音乐文件"bg.mp3"。

② 打开"库"面板，可以看到刚才导入的声音文件以元件的形式出现在"库"面板中。

（3）添加声音。

① 单击"插入图层"按钮，插入一个新图层，重命名为"背景声音"。

② 从"库"面板中拖曳"bg.mp3"到舞台上释放。

③ 在"属性"面板中，设置"效果"为"淡出"，使声音慢慢地从小声变大声。

④ 单击"属性"面板中"同步"下拉菜单，选择"数据流"同步类型。

（4）保存文档。

提示：Flash 中可导入 MP3 和 WAV 文件，但只能添加到关键帧和按钮中。

13.2 在动画中插播视频

在 Flash 中可以导入视频，编辑裁剪视频，还可以控制视频播放进程。

13.2.1 视频类型

Flash CS6 是一种功能非常强大的工具，可以将视频镜头融入基于 Web 的演示稿。如果用户系统安装了 QuickTime4 及更高的版本（Windows 或 Macos）或 DirectX 7 及高版本用户（仅限 Windows），则可以导入多种文件格式的视频剪辑，包括 MOV（QuickTime 影片）、AVI（音频视频交叉文件）和 MPG/MPEG（运动图像专家组文件）等格式。

为了大多数计算机考虑，使用 Sorenson Spark 解码器编码 FLV 文件是明智之举，FLV 是 Flash Video 的简称，FLV 流媒体格式是一种新的视频格式。由于它形成的文件很小，加载速度已有效地解决了视频文件导入 Flash 后使导出的 swf 文件体积庞大，不能在网络上很好地使用的缺点。

FLV 和 F4V（H.264）视频格式具备技术和创意优势，允许将视频、数据、图形、声音和交互式控制融为一体。FLV 或 F4V 视频使用户可以轻松地将视频以几乎任何人都可以查看的格式放在网上。

13.2.2 导入视频文件

在 Flash CS6 中，可以将现有的视频文件导入到当前文档中，通过指导用户完成选择现有视频文件的过程，并导入该文件以供在三个不同的视频回放方案中使用。选择"文件"|"导入"|"导入视频"命令，即可打开"导入视频"对话框，如图 13-11 所示。

在"导入视频"对话框中提供了三个视频导入选项，各选项的含义分别介绍如下。

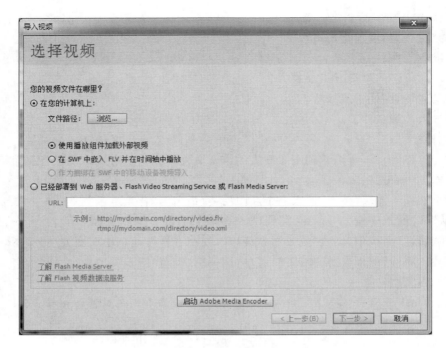

图 13-11　"导入视频"对话框

1. 使用播放组件加载外部视频

导入视频并创建 FLV Playback 组件的实例以控制视频回放。将 Flash 文档作为 SWF 发布并将其上传到 Web 服务器时，还必须将视频文件上传到 Web 服务器或 Flash Media Server，并按照已上传视频文件的位置配置 FLV Playback 组件。

2. 在 SWF 中嵌入到 FLV 并在时间轴中播放

将 FLV 或 F4V 嵌入到 Flash 文档中。这样导入视频时，该视频放置于时间轴中可以看到各个视频帧的位置。

3. 作为捆绑在 SWF 中的移动设备视频导入

与在 Flash 文档中嵌入视频类似，将视频绑定到 Flash Lite 文档中已部署到移动设备。若要使用此功能，必须以 Flash Lite 3.0 或更高版本为目标。

13.2.3　处理导入的视频文件

视频文档导入到文档中，选择舞台上嵌入或链接的视频剪辑，在"属性"面板中就可以查看视频符号的名称、在舞台上的像素尺寸和位置，如图 13-12 所示。

使用"属性"面板可以为视频剪辑设置新的名称，调整位置及其大小，也可以使用当前影片中的其他视频剪辑替换备选视频。同时，用户还可以通过"组件参数"栏，对导入的视频进行设置。

图 13-12　视频"属性"面板

思考与练习

1. 单选题

(1) 在 MP3 压缩对话框中的音质选中后,如果要将电影发布到 Web 站点上,则应选择(   )。

    A. 中   B. 最佳   C. 快速   D. 以上都可以

(2) 在"属性"面板的"同步"下拉列表中选择声音的同步模式时,选择(   )方式能够使声音下载一部分后即开始播放,声音的播放与动画同步。

    A. 事件   B. 开始   C. 停止   D. 数据流

(3) 在导出较长的音频流,如乐曲时,最好使用(   )压缩方式。

    A. 默认   B. ADPCM   C. MP3   D. 语音

(4) 标准 CD 音频采样率是(   )。

    A. 5kHz   B. 11kHz   C. 22kHz   D. 44kHz

(5) 当 Flash 导出较短小的事件声音(例如按钮单击的声音)时,最适合的压缩选项是(   )。

    A. ADPCM 压缩选项   B. MP3 压缩选项

    C. Speech 压缩选项   D. Raw 压缩选项

(6) 简单地制作音效,在声音开始播放阶段,让声音逐渐变大。这种效果称为(   )。

    A. 淡入   B. 右声道   C. 淡出   D. 从左到右淡出

2. 多选题

在 Flash 中,下面关于导入视频说法正确的是(   )。

A. 在导入视频片断时,用户可以将它嵌入到 Flash 电影中

B. 用户可以将包含嵌入视频的电影发布为 Flash 动画

C. 一些支持导入的视频文件不可以嵌入到 Flash 电影中

D. 用户可以让嵌入的视频片断的帧频率同步匹配主电影的帧频率

3. 判断题

(1) wav 格式的声音文件不可以被导入到 Flash 中。   (   )

(2) Flash 不但支持音频,而且支持视频。   (   )

(3) Flash 视频(FLV)文件格式使用户可以导入或导出带编码音频的静态视频流。此格式可以用于通信应用程序,如视频会议。   (   )

(4) 如果想在 Flash 文档之间共享声音,则可以把声音包含在共享库中。   (   )

(5) 在导出电影时,采样率和压缩比将显著影响声音的质量和大小。压缩比越高、采样率越低则文件越小而音质越差。   (   )

(6) 要将电影中的所有声音导出为 WAV 文件,可选择"文件"|"导出"|"导出影片"命令。   (   )

(7) 最好不要循环流式声音,因为在设置流式声音的循环之后,电影中将添加多帧,文件量将按声音的循环次数而增加。   (   )

第14章　影片的优化与发布

影片制作完成后,可以导出或发布。在发布影片之前,可以根据适用场合的需要,对影片进行适当的优化处理,这样可以保证在不影响影片质量的前提下获得最快的影片播放速度。此外,在发布影片时,可以设置多种发布格式,保证制作影片与其他的应用程序兼容。影片的优化、导出和发布是动画制作完成后不可缺少的步骤,本章将对优化、导出和发布的相关知识进行学习。

14.1　Flash 影片的优化与测试

Flash 影片的大小将直接影响下载和回放时间的长短,如果制作的 Flash 影片很大,那么往往会使欣赏者在不断等待中失去耐心,因此优化操作就显得十分有必要。值得注意的是,优化的前提需要在不影响播放质量的同时尽可能地对生成的动画进行压缩,使动画的体积达到最小,同时在优化过程中还可以随时测试影片的优化结果,包括影片的播放质量、下载情况和优化后的动画文件大小等。

14.1.1　优化影片

作为动画发布过程的一部分,Flash 会自动检查动画中相同的图形,并在文件中只保存该图形的一个版本,而且还能把嵌套的组对象变为单一的组对象。此外用户还可以执行常用的优化方法进一步减小文件大小。

在 Flash 动画影片中,优化对象有多种,包括元件、动画、图形、位图、颜色、字体、音频等,常用的优化方法如下。

1. 元件的优化

如果影片对象在影片中多次出现,尽量将其转换为元件再使用,重复使用元件实例不会增加文件的大小。

2. 动画的优化

尽量使用补间动画,减少关键帧的数目:不同的运动对象安排在不同的图层中;舞台大小适中,不宜过大或过小。

3. 图形的优化

多采用实线线条和矢量图形,尽量少用位图图像,避免制作位图动画,填充颜色尽量单一,减少多色彩渐变。

4. 位图的优化

导入的位图图像尽可能小,并进行优化压缩,避免使用位图作为影片背景。

5．字体的优化

限制字体和字体样式的数量，尽量少用嵌入字体，对于"嵌入字体"也只选择需要的字符。

6．音频的优化

尽量使用 MP3 音频格式文件，并在导入前根据需要利用音频编辑软件编辑好；对于背景音乐，尽量使用声音中的一部分让其循环播放以减小文件体积。

7．动作脚本的优化

尽量地使用本地变量；定义经常重复使用的代码为函数；在"发布设置"对话框的 Flash 选项卡中，启用"省略跟踪动作"复选框。

14.1.2 测试影片

对于制作好的影片，在正式发布和输出之前，需要对动画进行测试，通过测试可以发现动画效果是否与设计思想之间存在偏差，一些特殊的效果是否实现，影片播放是否平滑等。随着网络的发展，许多 Flash 作品都是通过网络进行传送的，因此下载性能也非常重要。

Flash CS6 的集成环境中提供了测试影片环境，可以在该环境进行一些比较简单的测试工作。根据测试对象的不同，测试影片可以分为测试影片、测试场景、测试环境、测试动画和测试动画作品下载性能等。

（1）测试影片与测试场景实际上是产生.swf 文件，并将它放置在与编辑文件相同的目录下。如果测试文件运行正常，且希望用作最终文件，那么可将它保存在硬盘中，并加载到服务器上。

（2）测试环境，可以选择"控制"|"测试影片"或"控制"|"测试场景"命令进行场景测试，虽然仍然是在 Flash 环境中，但界面应改变，因为是在测试环境而非编辑环境。

（3）在测试动画期间，应当完整地观看作品并对场景中所有的互动元素进行测试，查看动画有无遗漏、错误或不合理的地方。

（4）测试 Flash 动画主要有两种方法：一种是使用播放控制栏进行操作；另一种是使用 Flash 动画效果专用测试窗口。

① 使用播放控制栏。

执行"窗口"|"工具栏"|"控制器"菜单命令，可以打开播放器控制栏，如图 14-1 所示。可以看到，在播放器控制栏中有 6 个按钮，它们从左到右作用依次为"停止""转到第一帧""后退一帧""播放""向前一帧"和"转到最后一帧"。

图 14-1 播放器控制栏

提示：在制作动画过程中，按下 Enter 键，可以测试动画在时间轴上的播放效果；反复按 Enter 键可在暂停测试和继续测试之间切换。

② 使用专用测试窗口。

如果动画中包括交互动作，场景的转换以及动画的剪辑，使用播放器控制栏就有些力不从心，此时就需要使用 Flash 提供的动画效果专用测试窗口。执行"控制"|"测试影片"命令，如图 14-2 所示，就可以打开 Flash 动画效果专用测试窗口。

利用专用测试窗口测试影片又常分为以下两种情况。

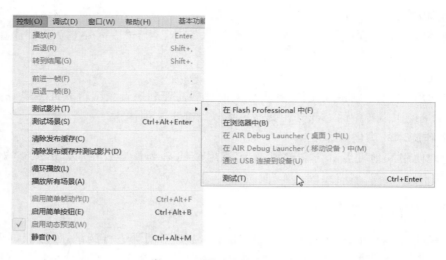

图 14-2　"测试影片"子菜单

- 影片整体测试

在动画制作完成后，有时需要对动画整体进行测试，查看动画播放时的效果，这时可使用菜单栏中的"控制"|"测试影片"|"测试"命令。下面以"校园的早晨"Flash 动画为例来学习具体操作，步骤如下。

a. 打开需要进行测试的 Flash 动画影片，执行"文件"|"打开"命令，打开"校园的早晨.fla"文件。

b. 执行"控制"|"测试影片"|"测试"命令，或按 Ctrl＋Enter 组合键，在 Flash Player 播放器中测试动画的播放效果，如图 14-3 所示。

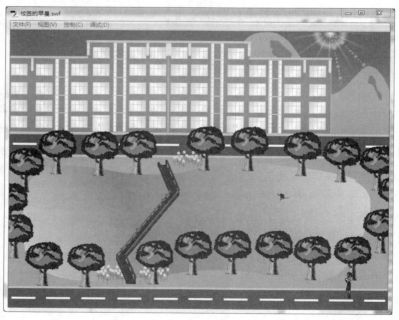

图 14-3　Flash Player 播放器中测试动画效果

c. 在影片测试窗口中选择菜单栏中的"视图"|"下载设置"命令,在弹出的子菜单中可以选择在影片测试窗口中模拟的动画下载速度,如图 14-4 所示。

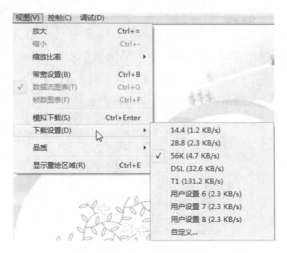

图 14-4　在影片测试窗口中模拟的动画下载速度

d. 再次按 Ctrl+Enter 组合键,在影片测试窗口中以刚才设置的下载速度开始模拟下载影片。

e. 如果对下载影片所需要时间不满意的话,还可以在影片测试窗口中通过选择菜单栏中的"视图"|"宽带设置"命令,在显示宽带的检测图中观看下载的详细内容,如图 14-5 所示。

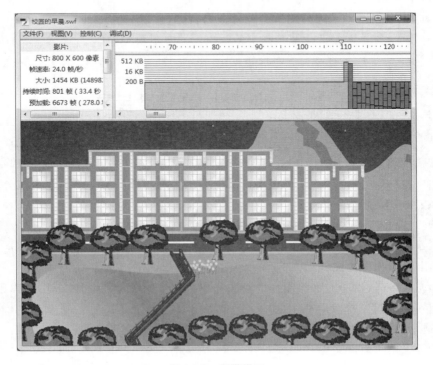

图 14-5　宽带设置

- 场景测试

在制作动画过程中,根据需要将会创建多个场景,或是在一个场景中创建多个影片剪辑动画效果,如果要对当前场景或元件进行测试,可以使用"测试场景"菜单命令。

在"校园的早晨. fla"文档打开的状态下,双击场景中的任意元件,进入元件的编辑状态,这时要想预览动画的播放效果,可执行菜单栏中的"控制"|"测试场景"命令,如图 14-6 所示。

图 14-6　测试场景命令

除了以上介绍的测试动画方法外,在 Flash Player 中的一些优化影片和排除动作脚本故障的工具,也可以对动画进行测试。此处不再赘述。

提示:对于按钮,需要选择菜单栏中的"控制"|"启用简单按钮"命令或按 Ctrl＋Alt＋B 组合键,当鼠标在舞台中经过或单击按钮时,可以测试按钮各帧的效果。

14.2　Flash 影片的导出与发布

在 Flash 软件中制作的动画只是源文件,即"fla"格式,如果想要将制作的动画供别人观看欣赏,就需要将其进行导出。Flash 导出的动画格式通常为"swf"格式,这是 Flash 动画特有的动画文件格式。在 Flash 软件中不仅可以导出为常用的"swf"格式,还可以导出为其他图形、图像、声音和视频格式文件。

14.2.1　导出影片

1. 导出图形和图像文件

在 Flash CS6 软件中允许将制作的动画导出为单个的图形和图像文件,可以是位图,也可以是矢量图,通过选择菜单栏中的"文件"|"导出"|"导出图像"命令,在弹出的"导出图像"对话框中进行文件格式的设置。

2. 导出视频和声音文件

将 Flash 制作的动画导出为视频和声音文件的操作是通过选择菜单栏中的"文件"|"导

出"|"导出影片"命令,在"导出影片"对话框中进行设置来完成的。不仅可以导出为常用的 swf、avi、mov 和 wav 文件,还可以将影片导出为图像序列。

14.2.2 发布影片

完成了对制作动画的优化并测试无误后,除了可以将制作动画进行导出操作外,还可以将其进行发布。Flash 影片的发布格式有多种,可以直接将影片发布为 SWF 格式,也可以将影片发布为 HTML、GIF、JPG、PNG 等格式。

在默认情况下,使用"发布"命令可创建 Flash SWF 文件以及将 Flash 影片插入到浏览器窗口所需的 HTML 文档。在 Flash CS6 中还提供了其他多种发布格式,可以根据需要选择发布格式并设置发布参数。

1. 预览和发布影片

发布预览是指在进行文件发布的同时,通过默认的浏览器进行预览。菜单栏中的"文件"|"发布预览"命令,在弹出的子菜单中即可选择想要预览的文件格式,共有 7 个选项。系统默认时,"默认(D)-(HMTL)F12"、Flash 和 HTML 为可用状态,其他选项为灰色,为不可用状态。如果想要发布预览这些灰色不可用的文件格式,可以通过在"发布设置"对话框中选中类型选项进行发布文件格式的指定。

在发布影片时,可以进一步对发布的文件格式、所处的位置、发布文件的名称等进行设置。方法是选择菜单栏中的"文件"|"发布设置"命令,可弹出一个用于发布各项设置的"发布设置"对话框,在其中进行具体设置。

默认情况下,Flash.swf 和"HTML 包装器"复选框处于选中状态,这是因为在浏览器中显示 SWF 文件,需要相应的 HTML 文件,此 HTML 文件会将 Flash 内容插入到浏览器窗口中。

1) 发布为 Flash.swf 动画格式

SWF 动画格式是 Flash CS6 自身的动画格式,因此它也是输出动画的默认形式,如图 14-7 所示,可以设定 SWF 动画的图像和声音压缩比例等参数。

2) 发布为 HTML 动画格式

在默认情况下,HTML 文档格式是随 Flash 文档格式一同发布的。要在 Web 浏览器中播放 Flash 影片,则必须创建 HTML 文档、激活影片和指定浏览器设置。

使用"发布"菜单命令即可以自动生成必需的 HTML 文档。选择"发布设置"对话框中的"HMTL 包装器"选项(见图 14-8)可以设置一些参数,控制 Flash 影片出现在浏览器窗口中的位置、背景颜色以及影片大小等。

2. 发布为其他格式

Flash CS6 还可以设置其他很多发布格式。

1) GIF 发布格式

GIF 是一种输出 Flash 动画较方便的方法,选择"发布设置"对话框中的 GIF 选项卡,可以设定 GIF 格式输出的相关参数,如图 14-9 所示。

2) JPEG 发布格式

使用 JPEG 格式可以输出高压缩的 24 位图像,如图 14-10 所示。通常情况下,GIF 更适合于导出图形,而 JPEG 更适合于导出图像。选择"发布设置"对话框中的 JPEG 选项卡,

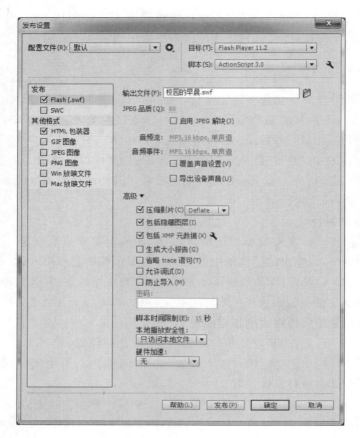

图 14-7 "发布设置"对话框中的 Flash(.swf)选项卡

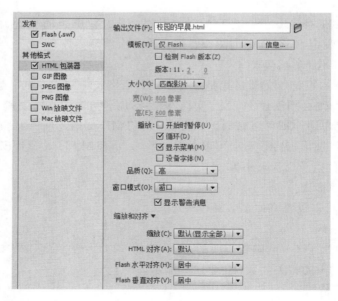

图 14-8 "发布设置"对话框中的 HTML 选项卡

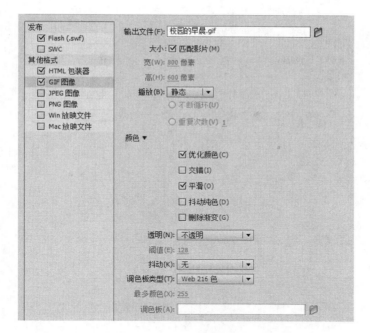

图 14-9　GIF 选项卡

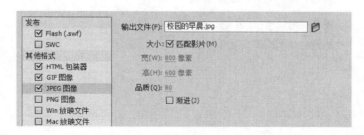

图 14-10　JPEG 选项卡

可以设置导出图像的尺寸和质量。质量越好,则文件越大,因此要按照实际需要设置导出图像的质量。

3）PNG 发布格式

PNG 格式是 Macromedia Fireworks 的默认文件格式。作为 Flash 中的最佳图像格式,PNG 也是唯一支持透明度的跨平台位图格式,如果没有特别指定,Flash 将导出影片中的首帧作为 PNG 图像。可选择"发布设置"对话框中的 PNG 选项卡,打开该选项卡进行具体设置,如图 14-11 所示。

4）Windows 放映文件

在"发布设置"对话框中选中"Win 放映文件"复选框,可创建 Windows 独立放映文件。选中该复选框后,在"发布设置"对话框中将不会显示相应的选项卡,如图 14-12 所示。

5）Macintosh 放映文件

在"发布设置"对话框中选中"Mac 放映文件"复选框,可创建 Macintosh 独立放映文件。选中该复选框后,在"发布设置"对话框中将不会显示相应的选项卡,如图 14-13 所示。

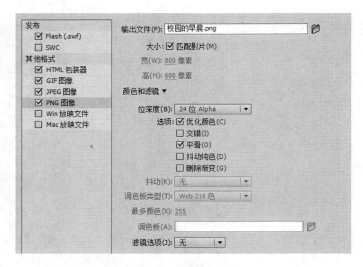

图 14-11　PNG 选项卡

图 14-12　选中"Win 放映文件"复选框

图 14-13　"Mac 放映文件"选项卡

思考与练习

1. 单选题

（1）对于在网络上播放动画来说，最合适的帧频率是（　　　）。

　　A. 每秒 24 帧　　　　B. 每秒 12 帧　　　　C. 每秒 25 帧　　　　D. 每秒 16 帧

（2）fla 文件不能转换为下列哪一类型的文件？（　　　）

　　A. gif　　　　　　　B. swf　　　　　　　C. html　　　　　　　D. psd

2. 多选题

（1）在设置动画属性时，设置动画播放的速度为 12fps，那么在动画测试时，时间轴上显示的动画播放速度应该可能是（   ）。

    A. 等于 24fps

    B. 小于 24fps

    C. 大于 24fps

    D. 大于、小于 24ps 均有可能

（2）下面哪些操作可以使电影优化？（   ）

    A. 如果电影中的元素有使用一次以上者，则可以考虑将其转换为元件

    B. 只要有可能，请尽可能使用补间动画

    C. 限制每个关键帧中发生变化的区域

    D. 要尽量使用位图图像元素的动画

3. 判断题

（1）在导出电影时，采样率和压缩比将显著影响声音的质量和大小。压缩比越高、采样率越低，则文件越小而音质越差。   （   ）

（2）要将电影中的所有声音导出为 WAV 文件，可选择"文件"|"导出"|"导出影片"菜单命令。   （   ）

（3）动画只能用 ∗.swf 格式发布，静态图只能用 ∗.jpg 格式发布。   （   ）

（4）作为发布过程的一部分，Flash 将自动执行某些电影优化操作。   （   ）

第 15 章　项目拓展

通过前面章节的学习,读者已经具备了一定的创作能力,本章将通过项目拓展提升读者运用各个知识点完成综合性实例的能力。

15.1　新年贺卡

新年电子贺卡因具有温馨的祝福语言、浓郁的民俗特色、传统的东方韵味、古典与现代交融的魅力,深受人们的喜爱。贺卡在传递"含蓄"的表白和祝福的同时,又形成了自己独特的文化内涵,加强了人们之间的相互尊重与体贴,既方便又实用,是促进和谐的重要手段。

15.1.1　基本制作流程

制作新年贺卡,除了制作者扎实的功底外,正确的制作流程也是保证品质的重要因素之一。下面对新年贺卡的基本制作流程进行介绍。

1. 分析用户需求

满载收获的一年就要过去了,给兢兢业业传道授业解惑的教师和莘莘学子送去新春的祝福。祝福他们在新的一年里身体健康、全家幸福、工作顺利、学业有成!

对象:教师、学生

内容要求:

(1) 体现新春喜气的主题意境,突出节日的喜庆气氛。

(2) 页面精美,画面图案及颜色搭配合理,具有美感及喜庆感,有新意。

(3) 祝福词语。

(4) 配有动画要素。

(5) 伴随合适的音乐。

2. 搜集素材

在分析用户需求之后,即可根据策划的内容收集制作新年贺卡需要用到的文字、图片和声音等素材。对于一些无法直接获取的素材,可通过专门的软件对其进行编辑和修改(如利用 Photoshop 对图片素材进行修改),或对需要的素材进行提取或制作(如利用录音软件录取需要的声音素材)。

1) 图片素材

围绕要突出节日的喜庆气氛,体现出新春喜气的主题意境,根据中国的传统习俗,准备选择体现喜气的红黄色为主的背景图片,体现热闹喜庆的鞭炮、灯笼、中国结和传统贺岁图等。

然后对这些图片素材进行处理,主要是利用 Photoshop 软件工具把背景去掉,做成透明的背景并另存为 png 格式。

2）音乐素材

收集喜庆热闹的音乐作为背景音乐。寻找一段放鞭炮的音乐和表现节日的喜庆音乐，然后进行相应的处理。

3）自制素材

要用灯笼制作动画，所以需要自己绘制灯笼。

3. 制作贺卡动画要素

在素材搜集完毕后，根据用户需求的相关内容，在 Flash 中制作贺卡所需要的动画要素，如绘制角色的形象、制作动画中需要用到的影片剪辑和图形元件等。要尽量保证每个动画要素的质量。

4. 导入音乐并编辑场景

完成所有动画要素的制作后，即可将音乐导入到场景中，然后根据策划的内容，并结合歌曲文件的实际情况，利用制作好的动画要素对场景进行编辑和调整，最后为编辑好的场景添加相应的字幕。

5. 调试并发布贺卡

最后，在完成动画的初步编辑后，通过预览动画的方式检查贺卡的播放效果，并根据测试结果对 MTV 的细节部分进行调整。调整完毕后，即可对贺卡的发布格式以及图像和声音的压缩品质进行设置并发布。至此，完成了新年贺卡的制作。

15.1.2 贺卡主体设计

新年是喜庆的，为了体现出喜庆的气氛，贺卡主体色设计以红黄为主。贺卡由两部分组成，即开场画面和贺卡主画面，当运行新年贺卡时，首先进入开场画面，单击开场画面上的一个按钮进入贺卡主画面，并给贺卡配上了喜庆的音乐，让人看了、听了能感受到新年到来的喜悦之情。

1. 开场画面

（1）导入一幅处理好的喜庆的图片素材作为背景。

（2）右上角放置一个灯笼按钮，单击后进入贺卡主画面。

（3）在单击"灯笼"按钮前，"恭贺新春"的文字动画循环播放。

2. 贺卡主体

（1）导入一幅处理好的喜庆的图片素材作为背景。

（2）导入处理好的一副对联图片，制作对联逐渐显示的遮罩动画效果。

（3）做出一个"转福"的文字动画。导入处理好的福字的图片放置在正中，并制作从福字环绕旋转的动画效果。

3. 音乐合成

为了获得更好的效果，给贺卡配上喜庆的音乐。把音乐放到贺卡中进行合成，并设置为循环播放。

15.1.3 素材准备

1. 制作灯笼按钮元件

（1）新建文档。

① 启动 Flash CS6，新建一个 ActionScript 3.0 文档，然后执行"修改"|"文档"菜单命令，打开"文档设置"对话框，设置"尺寸"为 800 像素（宽度）×600 像素（高度）。

② 执行"文件"|"保存"菜单命令，打开"另存为"对话框，将文档存储为"新年贺卡.fla"。

（2）绘制灯笼肚图形。

① 启动 Flash CS6，新建一个 ActionScript 3.0 文档，然后单击"工具箱"中的"椭圆工具"![icon]，再单击"工具箱"中的"笔触颜色"按钮，并在弹出的面板中单击![icon]按钮（这样可以禁用笔触颜色），然后选择"径向"渐变填充颜色，如图 15-1 所示。

② 打开"颜色"面板，设置第一个色标颜色为（R：255，G：51，B：0），Alpha 为 100％；第二个色标颜色为（R：201，G：62，B：3），Alpha 为 100％；第三个色标颜色为（R：169，G：1，B：1），Alpha 为 100％，如图 15-2 所示。

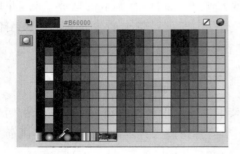

图 15-1 选择"径向渐变"填充颜色　　　　图 15-2 径向渐变

③ 保持对"椭圆工具"的选择，在舞台上绘制一个如图 15-3 所示的椭圆。

④ 单击"工具箱"中的"渐变变形工具"![icon]，然后将渐变光线射入的方向调整到左上方，如图 15-4 所示。

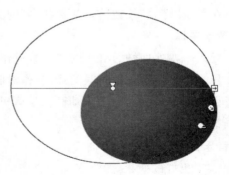

图 15-3 绘制椭圆　　　　图 15-4 调整渐变方向

（3）制作骨线效果。

① 单击"工具箱"中的"线条工具" 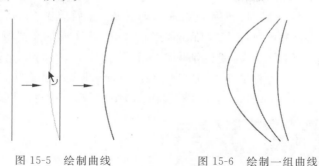，在舞台上绘制一条直线，再使用"选择工具" 将其调整成弧线，如图 15-5 所示。

图 15-5　绘制曲线　　　　　　图 15-6　绘制一组曲线

② 采用相同的方法再绘制出两条弧线，完成后的效果如图 15-6 所示。

③ 选中所有弧线，按 Ctrl＋D 组合键复制一份，然后执行"修改"|"变形"|"水平翻转"菜单命令，并调整好弧线的位置，接着再次选中所有弧线，按 Ctrl＋G 组合键进行组合，并将其拖曳到灯笼上，调整尺寸和位置，如图 15-7 所示。

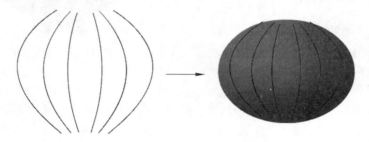

图 15-7　组合骨线和灯笼肚

④ 选择弧线，打开"颜色"面板，设置笔触颜色填充类型为"径向渐变"，设置第一个色标颜色为（R：251，G：152，B：4），Alpha 为 100％；第二个色标颜色为（R：176，G：36，B：2），Alpha 为 100％，如图 15-8 所示，填充效果如图 15-9 所示。

图 15-8　设置笔触颜色

图 15-9　填充效果

235

⑤ 将所有骨线和灯笼肚选中，单击鼠标右键，在弹出的快捷菜单中选择"转换为元件"菜单命令，将其转换为影片剪辑元件，命名为"灯笼肚"。

（4）制作灯笼的头部和底部。

选择灯笼肚，按 F8 键将其转换为影片剪辑元件，然后单击"工具箱"中的"矩形工具" ，在灯笼肚上绘制出灯笼的头部和底部，接着单击"工具箱"中的"填充颜色"按钮 ，并在"颜色"面板中设置类型为"线性渐变"，再设置一个色标颜色为（R:207,G:66,B:5），Alpha 为 100%；第二个色标颜色为（R:253,G:117,B:28），Alpha 为 100%；第三个色标颜色为（R:207,G:66,B:5），Alpha 为 100%，如图 15-10 所示，填充效果如图 15-11 所示。

图 15-10　设置线性渐变填充

图 15-11　填充效果

（5）制作灯笼排须。

① 单击"工具箱"中的"线条工具" ，在"属性"面板中设置线条样式为"点刻线"，如图 15-12 所示。

② 单击"工具箱"中的"填充颜色"按钮 ，打开"颜色"面板，设置类型为"线性渐变"，再设置第一个色标颜色为（R:255,G:255,B:0），Alpha 为 100%；第二个色标颜色为（R:253,G:117,B:28），Alpha 为 100%；第三个色标颜色为（R:255,G:102,B:0），Alpha 为 100%，如图 15-13 所示。

图 15-12　线条样式

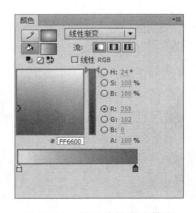

图 15-13　设置线性渐变填充

③ 绘制出数条灯笼排须，然后单击"工具箱"中的"任意变形工具" ，再单击"工具箱"下方的"封套"按钮 ，然后将其调整为如图 15-14 所示的样式。

图 15-14   绘制灯笼排须

④ 选中所有的排须，拖曳到灯笼的底部，并采用相同的方法制作灯笼的挂绳，完成后的效果如图 15-15 所示。

（6）添加朦胧特效。

① 选择灯笼肚，单击"属性"面板下的"添加滤镜"按钮 ，并在弹出的菜单中选择"发光"命令，接着进行如图 15-16 所示的设置。

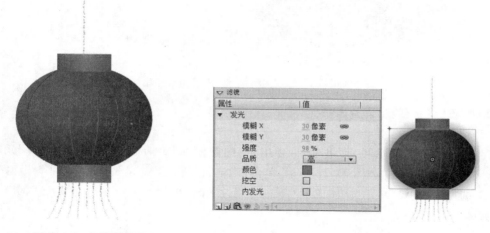

图 15-15   灯笼图形

图 15-16   添加"发光"滤镜效果

② 为灯笼肚再次添加"发光滤镜"，具体参数如图 15-17 所示。

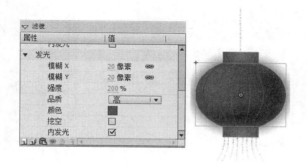

图 15-17   添加"发光"滤镜效果

③ 将灯笼转换为影片剪辑元件"灯笼 1"，然后复制一份，并在"属性"面板中设置这两个灯笼的 Alpha 值分别为 50%，将其转换为影片剪辑元件"灯笼 2"。

238

(7) 制作按钮元件。

① 新建按钮元件,命名为"开始"。

② 从"库"面板中拖曳"灯笼 2"至"弹起"帧,使用"对齐"面板调整中心点与舞台中心点一致。

③ 在"鼠标经过"帧插入空白关键帧,从"库"面板中拖曳"灯笼 1"至该帧,使用"对齐"面板调整中心点与舞台中心点一致。

④ 复制"弹起"帧,分别粘贴给"按下"帧和"点击"帧。

⑤ 最后保存文件,最终效果如图 15-18 所示,光标放在灯笼元件上时,灯笼好似被点亮。

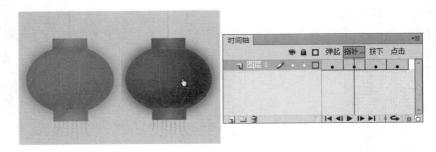

图 15-18 "弹起"和"指针经过"图形变化

2. 制作"恭贺新春"影片剪辑元件

(1) 准备文本。

① 执行"插入"|"元件"菜单命令,弹出"创建新元件"对话框,选择"影片剪辑"元件类型,命名为"恭贺新春",如图 15-19 所示,单击"确定"按钮,进入"恭贺新春"元件编辑窗口。

② 选择"工具箱"中的"文本工具" T ,在"属性"面板中设置文本颜色为"FFFF00",其他属性如图 15-20 所示。

图 15-19 "创建新元件"对话框

图 15-20 文本属性设置

③ 输入文本"恭贺新春",如图 15-21 所示。

④ 选择"工具箱"中的"选择工具" ,右击该文本,在弹出的快捷菜单中选择"分离"菜单命令,或者执行"修改"|"分离"菜单命令,或者按 Ctrl＋B 组合键,打散文本,如图 15-22

所示。

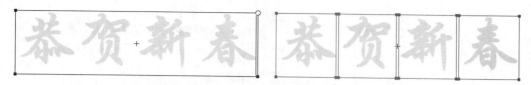

图 15-21　输入文本　　　　　　　　　图 15-22　打散文本

⑤ 再次右击,在弹出的快捷菜单中选择"分散到各层"菜单命令,如图 15-23 所示,把各汉字分散到不同的层,以方便单独制作动画,调整图层顺序为从下至上"春""新""贺""恭"。

各汉字设计制作:每个汉字从放大状态到缩小到合适大小,淡入的一个效果。各汉字按顺序依次进入,每个汉字动画共三帧完成,第 1、3 帧为关键帧,中间添加补间动画;每个汉字动画间间隔一帧。

(2) 制作文字动画。

① 单击"恭"图层的第 1 帧,选中"恭"字并右击,在弹出的快捷菜单中选择"转换为元件"命令,存储为"恭"图形元件。

② 在"恭"图层第 6 帧、第 8 帧处分别插入关键帧,将第 1 帧内容删除。

③ 单击第 6 帧,在文字"属性"面板的"颜色"下拉菜单中选择 Alpha,把透明度设置为 0,效果如图 15-24 所示。

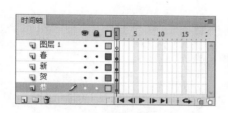

图 15-23　调整图层顺序

图 15-24　设置透明度

④ 单击第 8 帧,执行"修改"|"缩放和旋转"菜单命令,在打开的"缩放和旋转"对话框"缩放"文本框中输入缩放比例为"150％",如图 15-25 所示。

⑤ 在第 7 帧处单击鼠标右键,在弹出的快捷菜单中选择"创建补间动画"命令,在第 50 帧处插入普通帧,延长动画停留时间,完成"恭"字动画。

(3) 用同样方法完成"贺""新""春"动画制作,如图 15-26 所示。

图 15-25　设置缩放和比例

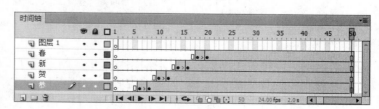

图 15-26　完成文字动画后的"时间轴"面板

239

第15章　项目拓展

3. 制作"转福"影片剪辑元件

(1)准备工作。

① 执行"插入"|"元件"菜单命令,弹出"创建新元件"对话框,选择"影片剪辑元件"类型,命名为"转福",如图 15-27 所示,单击"确定"按钮,进入"转福"元件编辑窗口。

图 15-27　创建"转福"影片剪辑元件

② 执行"文件"|"导入到舞台"菜单命令,将处理好的福字图片素材导入到当前图层第 1 帧,如图 15-28 所示,将该图层重命名为"福"。

③ 新建图层,重命名为"字"。

(2)制作文字动画。

① 选择"工具箱"中的"文本工具" **T**,在"属性"面板中设置笔触颜色为"♯FE2106",其他属性如图 15-29 所示,并在"字"图层第 1 帧舞台中输入文字。

图 15-28　福字

图 15-29　设置属性

② 选中文字,单击鼠标右键,在弹出的快捷菜单中选择"转换为元件",将其转换为"福"图形元件。

③ 按下 Ctrl＋D 组合键复制"福字",每按一次,就复制一次文字,共复制 4 份。

④ 选择"工具箱"中的"任意变形工具" ,调整 5 个"福"字的位置和倾斜角度,如图 15-30 所示。

⑤ 在"字"图层第 100 帧处插入关键帧,在第 1 帧至第 100 帧之间任意一帧处单击鼠标右键,在弹出的快捷菜单中选择"创建传统补间"命令。

⑥ 在"属性"面板中设置补间动画的旋转方向及旋转次数,如图 15-31 所示。

图 15-30　调整福字位置及角度

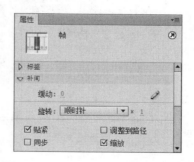

图 15-31　设置旋转方向及次数

15.1.4　贺卡总体制作

1. 导入素材

导入处理好的贺卡所需的图片素材,单击"文件"|"导入"|"导入到库"菜单命令一次导入处理好的各种素材,包括开场画面背景图、灯笼按钮元件、开场文字动画等,并导入到库一首音乐,如图 15-32 所示。

2. 开场画面

(1)回到场景 1,新建图层,从下至上依次命名为"背景"、"灯笼"和"文字"。

(2)把开场画面背景图像"bg01.jpg"文件从"库"面板中拖曳到"背景"图层中,并调整至合适位置。

(3)把灯笼按钮元件"开始"从"库"面板中拖曳到"灯笼"图层中,并调整至合适位置。

(4)把"恭贺新春"影片剪辑元件从"库"面板中拖曳到"文字"图层中,并调整至合适位置。

(5)鼠标右键单击按钮,在弹出的快捷菜单中选择"动作"菜单命令,打开"动作"面板,单击右上角 代码片断 按钮,

图 15-32　导入素材到库

打开"代码片段"对话框,鼠标左键双击"时间轴导航"中"单击以转到帧并播放",实现当前单击按钮时开始从 51 帧开始播放,进入贺卡主体画面,如图 15-33 所示。

(6)同样的方法在第 50 帧处插入关键帧,打开"动作"面板,借助"代码片段"添加"时间轴导航"中"在此帧处停止"代码。

(7)分别在"背景""灯笼"和"文字"图层第 50 帧处插入普通帧,制作好的开场动画如图 15-34 所示。

3. 主体贺卡画面制作

(1)插入新图层,命名为"主体背景",在第 51 帧处插入空白关键帧,从库中把主体背景图"bg02.jpg"文件拖曳到舞台中。

(2)插入新图层,分别命名为"上联","下联","横批","转福",如图 15-35 所示。

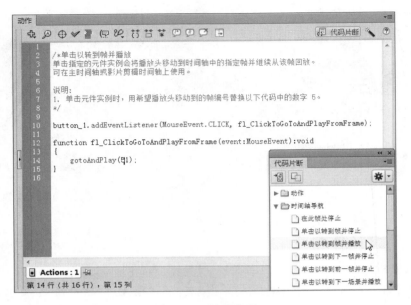

图 15-33　动作代码

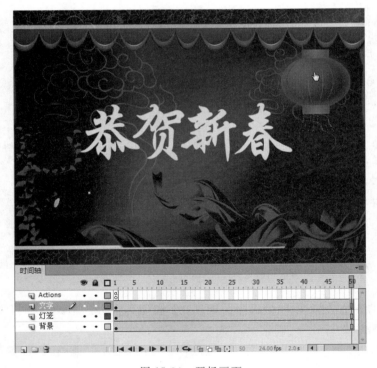

图 15-34　开场画面

（3）在"上联"图层第 60 帧处插入空白关键帧，选择"工具箱"中的"文本工具"T，在"属性"面板中设置参数，文本方向为"垂直"，其他属性设置如图 15-36 所示，输入上联文字内容。

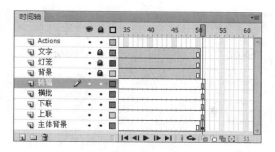

图 15-35　新建图层

（4）按照相同方法分别在"下联"图层第 85 帧处插入空白关键帧，输入下联文字内容；在"横批"图层第 110 帧处插入空白关键帧，文本方向为"水平"，其他属性设置如图 15-37 所示，输入下联文字内容。

图 15-36　设置文本属性

图 15-37　"横批"文本属性

（5）在"转福"图层第 135 帧处插入空白关键帧，从"库"面板中拖曳"转福"影片剪辑元件到舞台中，并调整至合适位置。

（6）新建图层，重命名为"窗口"，在"窗口"图层第 60 帧处插入空白关键帧，选择"工具箱"中的"矩形工具"，笔触颜色为无，内部填充色为黑色，在舞台上绘制一个矩形，遮挡住"上联"第一个字，在第 62 帧处插入关键帧，选择"工具箱"中的"任意变形工具"，使得黑色矩形遮挡住"上联"第二个字，依次向下，直到完全遮挡"上联"全部文字。

（7）按照同样方法制作遮挡"下联"和"横批"的黑色矩形，之后鼠标右键单击"窗口"图层，在弹出的快捷菜单中选择"遮罩层"菜单命令，使得"上联""下联""横批"都受其遮罩，如图 15-38 所示。

（8）在"转福"图层第 150 帧处插入关键帧，将 135 帧中"转福"实例选中，在"属性"面板中设置其 Alpha 透明度为 0，鼠标单击第 135 帧至第 150 帧之间任意一帧，在弹出的快捷菜单中选择"创建传统补间"命令，如图 15-38 所示。

（9）在"上联""下联""横批""转福"图层第 180 帧处分别插入普通帧，延长动画停留时间。

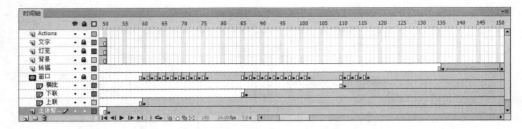

图 15-38　制作遮罩动画后的"时间轴"面板

4. 合成导出

（1）声音合成。

① 插入新图层，命名为"声音"。

② 从库中把"新年好.wav"文件拖入舞台释放，设置"属性"面板中的"同步"为"数据流"，如图 15-39 所示。

（2）测试输出。

新年贺卡做好后，按 Ctrl ＋ Enter 组合键进行测试效果。

① 执行"文件"|"导出"|"导出影片"菜单命令，弹出"导出影片"对话框。

图 15-39　"声音"属性设置

② 在"保存在"下拉列表中选择文件保存位置，在"文件名"下拉列表框中输入文件保存的名称"新年贺卡"，在"保存类型"下拉列表框中选择保存类型，默认情况下为 swf 格式，如图 15-40 所示。

图 15-40　"导出影片"对话框

③ 单击"保存"按钮，弹出"导出 Flash Player"对话框，保持默认设置，单击"确定"按钮完成动画文件的导出。

15.2　古诗词欣赏

多媒体课件与传统的教学相比,Flash 制作的动画具有视觉效果强、内容易懂、层次感强等特点,本节主要介绍制作古诗词鉴赏课件的方法。

基本制作流程参考"新年贺卡"制作流程。

15.2.1　古诗词鉴赏主体设计

1. 标题页

(1)导入一幅处理好的图片素材作为标题页背景。

(2)导入诗词标题及作者姓名图形元件。

(3)右下角放置一个按钮,单击后进入诗词主画面。

2. 诗词主页

(1)导入制作好的作品介绍遮罩动画影片剪辑元件,导入制作好的"下一页"按钮元件,单击后进入作品内容画面。

(2)导入制作好的作品内容遮罩动画影片剪辑元件,导入制作好的"下一页"按钮元件,单击后进入作品背景画面。

(3)导入制作好的作品背景遮罩动画影片剪辑元件,导入制作好的"下一页"按钮元件,单击后进入作品赏析画面。

(4)导入制作好的作品赏析遮罩动画影片剪辑元件图形元件,导入制作好的"返回首页"按钮元件,单击后返回作品介绍画面。

3. 音乐合成

为了获得更好的效果,给古诗词鉴赏配上古筝乐曲,并设置为循环播放。

15.2.2　素材准备

1. 制作按钮元件

(1)新建文档。

① 启动 Flash CS6,新建一个 ActionScript 3.0 文档,然后执行"修改"|"文档"菜单命令,打开"文档设置"对话框,设置"尺寸"为 800 像素(宽度)×600 像素(高度)。

② 执行"文件"|"保存"菜单命令,打开"另存为"对话框,将文档存储为"古诗词鉴赏. fla"。

(2)新建元件。

① 执行"插入"|"新建元件"命令,创建一个名为"下一页"的按钮元件。

② 进入按钮元件编辑模式,选择"工具箱"中的"文本工具" T,在"属性"面板中设置参数如图 15-41 所示,在舞台中输入文字,如图 15-42 所示。

③ 在"鼠标经过""按下"和"点击"帧插入关键帧,

图 15-41　设置文本属性

如图 15-42 所示。

④ 使用同样的方法,创建一个名为"返回首页"的按钮元件,进入按钮元件编辑模式,属性设置参考"下一页"按钮元件,在舞台输入"返回首页"文本,并在"鼠标经过""按下"和"点击"帧插入关键帧,如图 15-43 所示。

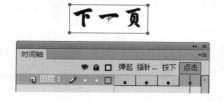

图 15-42　输入文字内容

图 15-43　"返回首页"按钮元件

2. 制作影片剪辑元件

(1)"文字 1"影片剪辑元件。

① 执行"插入"|"新建元件"命令,创建一个名为"文字 1"的影片剪辑元件。

② 进入影片剪辑编辑模式,选择"工具箱"中的"文本工具"**T**,在舞台中输入文字,如图 15-44 所示。

③ 选择文本,单击鼠标右键,在弹出的快捷菜单中选择"转换为元件"命令,在弹出的对话框中重命名为"标题"图形元件。

④ 将第 1 帧的元件实例移至舞台左侧,并在"属性"面板中设置 Alpha 透明度为"33%",如图 15-45 所示。

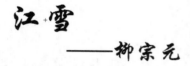

图 15-44　"标题"图形元件

图 15-45　设置 Alpha 值

⑤ 在第 55 帧处插入关键帧,并将文字内容移动到舞台右侧,如图 15-46 所示。

⑥ 鼠标在第 1 帧至第 55 帧之间任意一帧处单击鼠标右键,在弹出的快捷菜单中选择"创建传统补间"。

⑦ 鼠标右击第 60 帧,在弹出的快捷菜单中选择"动作"菜单命令,在打开的"动作"面板中输入"stop( );",表示停止播放到此帧,如图 15-47 所示。

(2)"文字 2"影片剪辑元件。

① 执行"插入"|"新建元件"命令,创建一个名为"文字 2"的影片剪辑元件。

② 进入影片剪辑编辑模式,选择"工具箱"中的"文本工具"**T**,属性设置如图 15-48 所示,在舞台中输入文字,如图 15-49 所示。

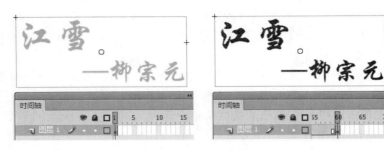

图 15-46 设置关键帧

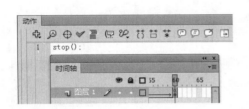

图 15-47 停止播放此帧

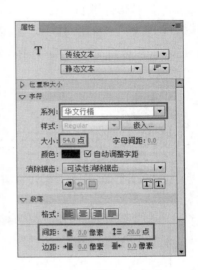

图 15-48 设置文本属性

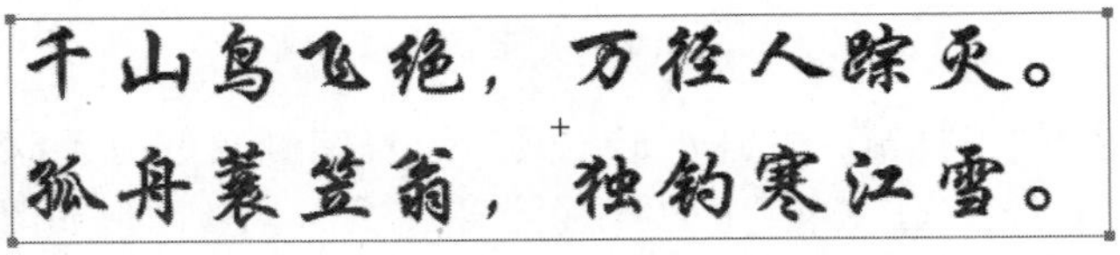

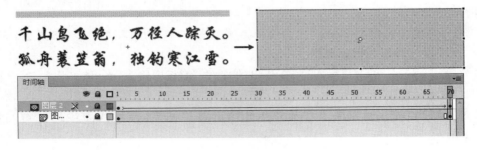

图 15-49 诗词内容

③ 新建图层,选择"工具箱"中的"矩形工具",设置笔触颜色为无,填充颜色为纯色,在舞台上绘制一个矩形,宽度不小于诗句的行宽,如图 15-50 所示。

图 15-50 制作遮罩动画

④ 在图层 1、图层 2 第 70 帧处插入关键帧。

⑤ 选择"工具箱"中的"任意变形工具",将图层 2 第 70 帧中矩形下边缘向下拖曳,完全覆盖诗句为止,如图 15-50 所示。

⑥ 鼠标右键单击图层 2 第 1 帧至第 70 帧之间任意一帧,在弹出的快捷菜单中选择"创建补间形状"菜单命令,如图 15-50 所示。

⑦ 鼠标右键单击图层 2,在弹出的快捷菜单中选择"遮罩层"菜单命令,将图层 2 转换为遮罩层,则图层 1 转换为被遮罩层。

⑧ 在第 70 帧处,单击鼠标右键,在弹出的"动作"面板中输入"stop( );"。

（3）"文字 3"影片剪辑元件。

① 执行"插入"|"新建元件"命令,创建一个名为"文字 3"的影片剪辑元件。

② 进入影片剪辑编辑模式,选择"工具箱"中的"文本工具" **T**,在舞台中输入文字,如图 15-51 所示。

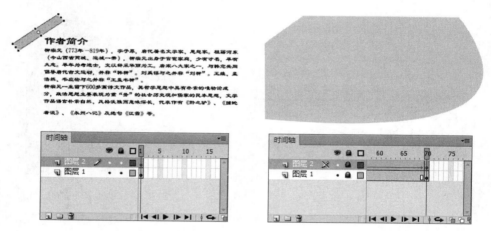

图 15-51　不规则形状遮罩动画

③ 新建图层,选择"工具箱"中的"矩形工具",设置笔触颜色为无,填充颜色为纯色,在舞台上绘制一个矩形,选择"工具箱"中的"任意变形工具",调整图形如图 15-51 所示。

④ 在图层 1、图层 2 第 70 帧处插入关键帧。

⑤ 选择"工具箱"中的"任意变形工具",调整图层 2 第 70 帧图形完全覆盖诗句,如图 15-51 所示。

⑥ 鼠标右键单击图层 2 第 1 帧至第 70 帧之间任意一帧,在弹出的快捷菜单中选择"创建补间形状"菜单命令。

⑦ 鼠标右键单击图层 2,在弹出的快捷菜单中选择"遮罩层"菜单命令,将图层 2 转换为遮罩层,则图层 1 转换为被遮罩层。

⑧ 在第 70 帧处,单击鼠标右键,在弹出的"动作"面板中输入"stop( );"。

（4）"文字 4"影片剪辑元件。

使用相同的方法,制作关于作品背景介绍的遮罩动画,并转换为影片剪辑元件,如图 15-52 所示。

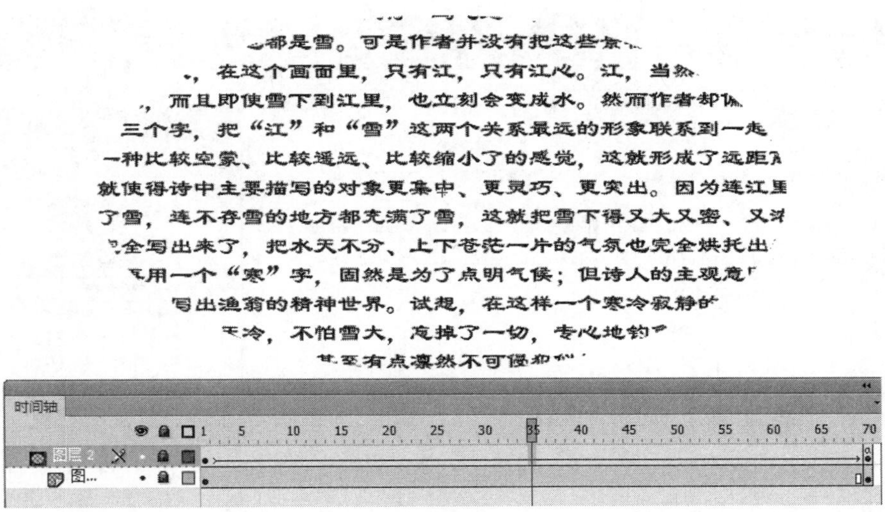

图 15-52　"文字 4"影片剪辑元件"时间轴"面板

15.2.3　古诗词鉴赏总体制作

1. 导入图片素材

(1) 返回场景 1,重命名图层 1 为"背景"。

(2) 导入处理好的图片素材作为背景图像,并调整图像的中心点与舞台中心点对齐。

2. 制作文字图层

(1) 新建图层,重命名为"文字"。

(2) 从"库"面板中拖曳"文字 1"影片剪辑元件到第 1 帧舞台中,并调整尺寸及位置,如图 15-52 所示。

(3) 在"文字"第 2 帧至第 4 帧处插入空白关键帧。

(4) 从"库"面板中分别拖曳"文字 2""文字 3""文字 4"影片剪辑元件至第 2 帧、第 3 帧、第 4 帧的舞台上,并调整到适当位置。

3. 制作按钮图层

(1) 新建图层,重命名为"按钮"。

(2) 从"库"面板中拖曳"下一页"按钮元件到第 1 帧摆放在舞台右下方。

(3) 鼠标右键单击第 1 帧,在弹出的对话框中选择"动作"菜单命令,打开"动作"面板,单击"脚本助手"按钮,在"时间轴导航"文件夹中双击"单击以转到帧并播放",生成代码如图 15-53 所示,将跳转的目标帧编号改为"2",则单击"下一页"按钮,跳转并播放第 2 帧作品内容。

(4) 使用相同的方法,从"库"面板中拖曳"下一页"按钮元件到第 2 帧、第 3 帧,拖曳"返回首页"按钮元件到第 4 帧。

(5) 分别打开"动作"面板,添加代码。

4. 添加音乐

(1) 新建图层,重命名为"音乐"。

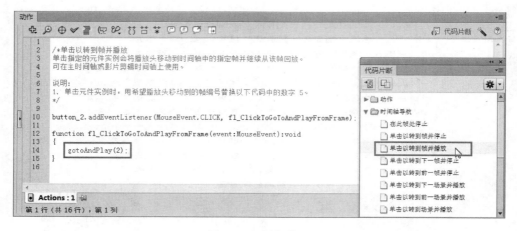

图 15-53　添加代码

（2）执行"文件"|"导入"|"导入到舞台"菜单命令，将素材包中"背景音乐.mp3"导入到舞台中，同时也存储在库。

（3）在"属性"面板中设置其同步方式，如图 15-54 所示。

（4）按 Ctrl＋Enter 组合键测试影片，如图 15-55 所示。

5．导出影片

（1）执行"文件"|"导出"|"导出影片"菜单命令，弹出"导出影片"对话框。

图 15-54　设置背景音乐同步方式

（2）在"保存在"下拉列表中选择文件保存位置，在"文件名"下拉列表框中输入文件保存的名称"新年贺卡"，在"保存类型"下拉列表框中选择保存类型，默认情况下为 swf 格式。

图 15-55　测试影片

参 考 文 献

[1] 贺桂娇,黎记果,易健.Adobe Flash CS6 动画制作项目教程.北京：清华大学出版社,北京交通大学出版社,2015.

[2] 缪亮.Flash 多媒体课件制作实用教程(第二版).北京：清华大学出版社,2014.

[3] 王雪蓉.Flash CS6 动画制作项目教程.北京：清华大学出版社,2014.

[4] 方跃胜,张美虎.Flash CS5 项目化教程.上海：上海科学技术出版社,2012.

[5] 乔晓琳.Flash CS5 动画制作项目化教程.北京：中国水利水电出版社,2013.

[6] 原旺周,程远炳.Flash 动画设计项目教程.北京：中国轻工业出版社,2015.

图 书 资 源 支 持

感谢您一直以来对清华版图书的支持和爱护。为了配合本书的使用,本书提供配套的资源,有需求的读者请扫描下方的"书圈"微信公众号二维码,在图书专区下载,也可以拨打电话或发送电子邮件咨询。

如果您在使用本书的过程中遇到了什么问题,或者有相关图书出版计划,也请您发邮件告诉我们,以便我们更好地为您服务。

我们的联系方式:

地　　址: 北京海淀区双清路学研大厦 A 座 707

邮　　编: 100084

电　　话: 010－62770175－4604

资源下载: http://www.tup.com.cn

电子邮件: weijj@tup.tsinghua.edu.cn

QQ: 883604(请写明您的单位和姓名)

用微信扫一扫右边的二维码,即可关注清华大学出版社公众号"书圈"。

资源下载、样书申请

书圈